动物检疫技术

◎ 吴祥财　主编

中国农业科学技术出版社

图书在版编目（CIP）数据

动物检疫技术 / 吴祥财主编. -- 北京 : 中国农业科学技术出版社，2024. 9. --ISBN 978-7-5116-7068-7

Ⅰ. S851. 34

中国国家版本馆 CIP 数据核字第 2024D2R627 号

责任编辑 张诗瑶
责任校对 李向荣
责任印制 姜义伟　王思文

出 版 者 中国农业科学技术出版社
北京市中关村南大街 12 号　　邮编：100081
电　　话 (010) 82106625 (编辑室)　　(010) 82106624 (发行部)
(010) 82109709 (读者服务部)
网　　址 https: //castp.caas.cn
经 销 者 各地新华书店
印 刷 者 中煤(北京)印务有限公司
开　　本 185 mm×260 mm　1/16
印　　张 9. 5
字　　数 219 千字
版　　次 2024 年 9 月第 1 版　2024 年 9 月第 1 次印刷
定　　价 38. 00 元

编写人员

主　编　吴祥财

副主编　唐文山　杜　敏　郝福星

编　者　（按姓氏笔画排序）

王国庆（海东市乐都区畜牧兽医站）

王维忠（湟源县畜牧兽医站）

许宗斌（湟源县畜牧兽医站）

杜　敏（青海农牧科技职业学院）

李　凯（青海农牧科技职业学院）

吴祥财（青海农牧科技职业学院）

辛有宏（刚察县畜牧兽医站）

陈化靓（甘肃畜牧工程职业技术学院）

郝福星（江苏农牧科技职业学院）

贺海萍（青海农牧科技职业学院）

郭　霞（刚察县沙柳河镇畜牧兽医站）

唐文山（青海农牧科技职业学院）

党　媛（湟源县畜牧兽医站）

董亚萍（青海农牧科技职业学院）

审　稿　李增魁（青海大学）

前 言

本教材是在《教育部关于加强高职高专教育人才培养工作的意见》《关于加强高职高专教育教材建设的若干意见》《教育部关于推进高等职业教育改革创新引领职业教育科学发展的若干意见》和党的二十大精神的指导下编写的。本教材通过与行业专家、企业技术骨干密切合作、交流，结合高职教育规律和教学特点，创新实施校企合作、工学结合、顶岗实习的人才培养模式，根据相关行业、企业发展需求，精心编写了这本活页式教材。本教材在形态上为可以拆装的活页本，可进行拆卸和二次组装；在内容上更加注重企业真实场景和业务流程，精简理论内容；在逻辑上更加强调项目任务的独立性、流程性、操作性和完整性。

动物检疫技术以动物微生物、动物病理分析、动物疫病防控技术等课程为基础，是动物防疫与检疫等专业的一门核心课程。结合当前我国畜牧养殖业快速发展的生产实际，诚邀相关行业、企业人员加入该教材编写组。教材内容经反复论证、充实、审稿、修改、完善后定稿；涵盖了近年来国内外开展动物检疫工作的技能、技术，以及相关法律法规、标准等。

本教材根据动物检疫职业岗位的教育特点，明确完成动物检疫工作任务所需能力的教学内涵，实现教学内容与职业标准、规程等对接；引入行业、企业新技术、新方法，校企合作共同开发专业课程和教学资源，做到教学内容新颖、信息全面，及时体现教研教改成果及最新进展；学习项目选取的基本依据是相关行业的工作领域和任务范围，其编排依据是该职业岗位所特有的工作任务逻辑关系。在教材编写上，学院与企业合作论证，反复修改，本着“强调针对性、突出实用性、加强实践性”的原则，理论教学以“实用、适用、必需”为主，强化实践教学内容和学生动手能力培养。

本教材共分 4 个项目 16 个任务，主要包括动物检疫基本操作、动物检疫的程序、动物疫病的检疫、动物产品的检疫等。

本教材编写的具体分工：吴祥财编写项目一部分内容、项目二；唐文山、杜敏、郝福星编写项目一部分内容，对项目二修改审核；董亚萍编写项目三；李凯对项目三修改完善；陈化靓编写项目四；贺海萍对项目四修改完善。王维忠（高级兽医师）、辛有宏（高级兽医师）、王国庆（中级兽医师）、党媛（中级兽医师）、郭霞

（中级兽医师）参与修改教材内容。最后，由李增魁教授对全书进行审稿。本教材引用了已经发表的相关著作等，在此表示最诚挚的感谢！

本教材可作为高等职业技术学院动物防疫与检疫、动物医学专业学生的教材使用，也可供基层相关行业或企业人员、相关专业技术人员参阅。

由于编者水平有限，教材中的不妥之处在所难免，恳请专家、同行和广大读者批评指正。

编　者

2024 年 1 月

目 录

项目一　动物检疫基本操作

项目导读

本项目主要学习动物临诊检疫及病理学检查技术、病原学检查技术、免疫学检查技术等实验室检验的方法和内容，其中各种动物临诊检疫特点和细菌性传染病病原体检查是本项目的重点内容。

通过本项目的学习可以使学生了解当今动物疫病检疫的分子生物学检查技术的发展情况，掌握不同动物的临诊检疫、病理学检查、病原学检查、免疫学检查的技术，具备运用细菌形态学观察、凝集试验、沉淀试验、补体结合试验和标记抗体技术等现代检疫技术对动物疫病进行检疫检验的能力。

知识目标

（1）掌握动物群体检疫和个体检疫的方法及内容。

（2）掌握猪、牛、羊、禽、兔等动物临诊检疫的特点。

（3）掌握动物尸体剖检的要求。

（4）掌握动物剖检的方法与内容。

（5）掌握动物疫病病原检查方法。

（6）掌握常用的血清学检测方法和变态反应诊断。

（7）了解分子生物学检查方法。

技能目标

（1）会进行牛、羊、猪、鸡的临诊检疫。

（2）会剖检各种动物尸体。

（3）会准确记录病变。

（4）会检查动物疫病的病原。

（5）会应用反转录聚合酶链式反应（RT-PCR）的方法检测口蹄疫、高致病性禽流感等病毒。

素质目标

(1) 具有爱岗敬业、踏实肯干、不怕脏、不怕累、认真负责的工作态度。

(2) 具有生物安全和人兽共患病的防护意识。

(3) 具备良好的沟通能力和团队协作精神。

(4) 具有善于分析问题、总结问题和解决问题的能力。

思政目标

(1) 培育学生学农爱农、知农为农、强农兴农的情怀。

(2) 弘扬“用心去做”“用爱去做”“用技术去做”的工匠精神。

(3) 培养学生的安全意识；在使用实验动物、生物制剂、诊断试剂或药品时，要做好个人防护，防止生物制品污染环境。

(4) 培养学生不怕累、不怕脏的奉献精神。

任务一 临诊检疫

任务导入

临诊检疫是应用兽医临床诊断学的方法，对待检动物活体进行的检疫。其主要目的：用兽医临床诊断学方法判别动物的健康状况；根据检疫疫病要求和流行病学情况，结合临床检查，判断患病动物是否患有某种检疫疫病。临诊检疫的基本方法包括问诊、视诊、触诊、听诊、叩诊和嗅诊等。通过临诊检疫，对临床症状明显的动物做出初步诊断，而对临床症状不明显的动物可以提供诊断线索，以便采用其他方法做进一步检查。

在本次任务中，学生可结合临床诊断学的方法和临诊检疫的内容，对牧场的牛、羊进行临诊检疫。

任务准备

- **知识准备**

临诊检疫一般遵循“先群体检疫后个体检疫，大动物以个体检疫为主，群体检疫为辅；中小动物以群体检疫为主，个体检疫为辅，先休息后检疫”的原则。

一、群体检疫

（一）群体检疫的概念及群体划分

群体检疫指对待检动物群体进行现场临床检查。检查时以群为单位，将来自同一地区或同一批次的动物划为一群，或将同一圈、同一舍的动物划为一群。禽、兔、犬等可按笼、箱、舍划分，运输中以同一车、船或机舱的动物为一群。

（二）群体检疫的方法内容

1. 静态检查——“静”

在动物安静休息的情况下，观察动物的精神状态、外貌、营养状况、立卧姿势、呼吸、反刍、羽毛、鸡冠、肉髯等，注意有无咳嗽、气喘、呻吟、嗜睡、流涎、孤立一隅等反常现象，从中发现可疑病态动物。

2. 动态检查——“动”

静态检查后，先看动物的自然活动，后看驱赶活动。观察其起立姿势、行动姿势、排泄姿势和精神状态。注意有无行动困难、肢体麻痹、步态蹒跚跛行、曲背弓腰、离群掉队及运动后咳嗽或呼吸异常等现象，并注意观察排泄物的性状、颜色、气味等。

3. 饮食检查——“食”

检查动物的饮食、咀嚼、吞咽时的反应状态。注意有无不食不饮、少食少饮、异常采食以及吞咽困难、呕吐、流涎、退槽、异常鸣叫等现象。

通过以上各步检查中，有异常表现或症状的动物需要做好标记，单独隔离，做进一步的个体检疫。

二、个体检疫

（一）个体检疫的概念

个体检疫指对群体检疫中检出的可疑病态动物进行详细的个体临床检查。其目的在于初步鉴定动物是否患病、是否为检疫对象。一般群体检疫无病的，也要抽检5%~20%做个体检疫，若个体检疫发现患病动物，应再抽检10%，必要时可全群复检。

（二）个体检疫的方法内容

1. 视诊——“看”

利用肉眼进行观察，要求官方兽医有敏锐的观察能力和系统的检查经验。

（1）看精神状态。健康动物两眼有神，反应敏捷，动作灵活，行为正常，若有过度兴奋或抑制，则表示中枢神经机能紊乱。精神兴奋的动物，表现惊恐不安，狂躁不驯，甚至攻击人和动物，轻则沉郁，呆立不动，反应迟钝；重则昏睡，只对强烈刺激才产生反应，严重时昏迷，倒地躺卧，意识丧失，对强烈刺激也无反应。见于各种热性病或侵害神经系统的疫病等。

（2）看营养状况。营养良好的动物，肌肉丰满，皮下脂肪丰富，轮廓丰圆，骨骼棱角不显露，被毛有光泽，皮肤富有弹性；营养不良的动物，表现为消瘦，骨骼棱角显露，被毛粗乱无光泽，皮肤缺乏弹性。多见于慢性消耗性疫病（如结核病、肝片吸虫病等）。

（3）看姿态与步样。健康动物姿势自然，动作灵活而协调，步态稳健。患病状态下，有的动物异常站立，如破伤风患病动物形似“木马状”，神经型马立克病病鸡两腿呈“劈叉”状；有的动物强迫性躺卧，不能站立，如猪传染性脑脊髓炎；有的动物站立不稳，如鸡新城疫病鸡头颈扭转，站立不稳甚至伏地旋转；有的动物盲目转圈，如李斯特菌病；有的则步态异常，左摇右摆，多是脑部受损所致；跛行则由神经系统受损或四肢病痛所致。

（4）看被毛和皮肤。健康动物的被毛整齐柔顺而有光泽，皮肤颜色正常，无肿胀、溃烂、出血等。患病动物的被毛和皮肤常发生不同的变化而提示某些疫病。若动物被毛粗乱无光泽、脆而易断，脱毛等，可见于慢性消耗性疫病（如结核病）、螨病等；又如猪瘟病猪在四肢、腹部及全身各部皮肤有指压不褪色的小点状出血，而猪丹毒病猪则呈现指压褪色的菱形或多角形红斑。正常鸡的冠、髯红润。若发白则为贫血的表现，若呈蓝紫色则为缺氧的表现（如鸡新城疫病鸡冠髯黑紫）。

（5）看反刍和呼吸。主要检查呼吸运动（呼吸频率、节律、强度和呼吸方式），看有无呼吸困难，同时检查反刍动物的反刍情况。

（6）看可视黏膜。主要检查眼结膜、口腔黏膜和鼻黏膜，同时检查天然孔及分泌物等。一般情况下，马的黏膜呈淡红色；牛的黏膜颜色较马的稍淡，呈淡粉红色（水牛的黏膜呈鲜红色）；猪、羊的黏膜呈粉红色；犬的黏膜为淡红色；鸡的口腔黏膜呈灰红色。

黏膜的病理变化可反映全身的病变情况。黏膜苍白见于各型贫血和慢性消耗性疫病，如马传染性贫血；黏膜潮红，表示毛细血管充血，除局部炎症外，多为全身性血液循环障碍的表现；弥漫性潮红见于各种热性疫病和广泛性炎症；树枝状充血见于心功能不全的疫病等；黏膜发绀见于呼吸系统和循环系统障碍；黄染是血液中胆红素含量增高所致，见于肝病、胆道阻塞及溶血性疫病；黏膜出血，见于有出血性的疫病，如马传染性贫血、梨形虫病等。另外，口腔黏膜有水疱或烂斑，可提示口蹄疫或猪传染性水疱病；鼻盘干燥或干裂，应注意有无热性疫病；马鼻黏膜的冰花样斑痕则是马鼻疽的特征病变。

（7）看排泄动作及排泄物。注意排泄动作有无异常及排泄困难。注意粪的颜色、硬度、气味、性状及尿的颜色、数量、清浊度等。便秘见于各种热性疫病（如猪瘟）、胃肠卡他等；腹泻见于侵害胃肠道的疫病（如仔猪副伤寒）；里急后重是胃肠炎的特征。粪尿的颜色性状也能提示某些疫病，如仔猪白痢排白色糊状稀粪，仔猪红痢排红色黏性稀便。

2. 听诊——“听”

听叫声、咳嗽声，如牛呻吟见于疼痛或病重期，鸡新城疫时发出“咯咯”声；肺部炎症表现为湿咳。借助听诊器听心、肺、胃肠音有无异常。

3. 触诊——“摸”

触诊是用手指或手掌或拳头按、压、捏、掐、摸动物体表各部位，感知皮肤、皮下组织、肌肉甚至内脏器官病变等。

（1）触诊耳朵、角根。初步确定体温变化情况。

（2）触摸皮肤弹性。健康动物皮肤柔软，富有弹性。弹性降低，见于营养不良或脱水性疫病。

（3）检查胸廓、腹部的敏感性。有时患胸廓或腹部疾病时，动物会表现出躲闪、反抗、不安等特征。

（4）检查体表淋巴结。触诊检查其大小、形状、硬度、活动性、敏感性等，必要时可穿刺检查。如马腺疫病表现为马下颌淋巴结肿胀、化脓、有波动感，牛梨形虫病则表现出肩前淋巴结急性肿胀的特征。

（5）检查嗉囊。看其内容物性状及有无积食、气体、液体，如鸡感染新城疫病毒时，倒提鸡腿可从口腔流出大量酸臭气味的液体食糜。

4. 检测生理常数——“检”

体温、脉搏、呼吸等是动物生命活动的重要生理常数，其变化可提示许多疫病。

（1）体温测定。测温时应考虑动物的年龄、性别、品种、营养、外界气候、使役、妊娠等情况，这些都可能引起一定程度的体温波动，但波动范围一般为0.5℃，最多不会超过1℃。体温测定的方法是猪、羊多采用检温小圈或检温夹道直肠测温，牛、马多采用柱栏保定直肠测温，禽可测翅下温度。

体温升高的程度分为微热、中热、高热和极高热。微热指体温升高0.5~1℃，见于轻症疫病及局部炎症，如胃肠卡他、口炎等；中热指体温升高1~2℃，见于亚急性或慢性传染病，如布鲁氏菌病、胃肠炎、支气管炎等；高热指体温升高2~3℃，见于急性传染病或广泛性炎症，如猪瘟、猪肺疫、马腺疫、胸膜炎、大叶性肺炎等；极高热指体温升高3℃以上，见于严重的急性传染病，如传染性胸膜肺炎、炭疽、猪丹毒、脓毒败血症、日射病和热射病等。体温高者，需重复测试，以排除应激因素（如运动、暴晒、拥挤等引起的体温升高）。

体温过低可能会出现大失血、严重脑病、中毒病以及热性病濒死期。

（2）脉搏测定。在动物充分休息后测定。脉搏加快见于多数发热病、心脏病及伴有心功能不全的其他疫病等；脉搏减慢见于颅内压增高的脑病、胆血症及有机磷中毒等。

（3）呼吸测定。宜在安静状态下测定。呼吸加快见于肺部疫病、高热性疫病、疼痛性疫病等；呼吸减慢见于颅内压显著增高的疫病，如脑炎、代谢病等。各种动物正常体温、脉搏和呼吸见表1-1-1。

表1-1-1　各种动物正常体温、脉搏、呼吸数

动物种类	体温/℃	呼吸数/（次/min）	脉搏/（次/min）
猪	38.0~39.5	18~30	60~80
乳牛	37.5~39.5	10~30	60~80
黄牛	37.5~39.5	10~30	40~80
水牛	36.5~38.5	10~50	30~50
牦牛	37.6~38.5	10~24	33~55

续表

动物种类	体温/℃	呼吸数/（次/min）	脉搏/（次/min）
绵羊	38.5~40.0	12~30	70~80
山羊	38.5~40.5	12~30	70~80
马	37.5~38.5	8~16	26~42
骆驼	36.0~38.5	6~15	30~60
鹿	38.0~39.0	15~25	36~78
兔	38.0~39.5	50~60	120~140
犬	37.5~39.0	10~30	70~120
猫	38.5~39.5	10~30	110~130
鸡	40.5~42.0	15~30	120~140
鸭	41.0~43.0	16~30	120~200
鹅	40.0~41.0	12~20	120~200

三、动物的现场临诊检疫技术——以牛为例

牛的检疫主要以口蹄疫、炭疽、牛肺疫、布鲁氏菌病、结核病、副结核病、蓝舌病、地方性白血病、牛传染性鼻气管炎、黏膜病、锥虫病、泰勒虫病为检疫对象。

牛的临诊检疫主要有问诊、视诊、触诊、听诊、叩诊和嗅诊等基本方法，具有简便易行的特性，在任何场合均可实施，并能较为准确地判断病理变化。其中以视诊方法为主。

1. 问诊

问诊就是向饲养人员调查、了解牛发病情况和经过的一种方法。问诊的主要内容包括：

（1）现病史。被检牛有没有发病；发病的时间、地点；病牛的主要表现、经过、治疗措施和效果，畜（货）主估计的致病原因等。

（2）既往病史。过去病牛或牛群患病情况，是否发生过类似疫病，其经过与结局如何；本地或邻近乡、村的常见疫情及地区性的常发病，预防接种的内容、时间及结果等。

（3）饲养管理情况。饲料的种类和品质；饲养制度与方法；牛舍的卫生条件；运动场、农牧场的地理情况；附近矿厂的三废处理情况；牛的生产性能等。

问诊的内容十分广泛，但应根据具体情况适当增减，既要有重点，又要全面收集情况，注意采取启发式的询问方法。可先问后检查，也可边检查边问。问诊态度要和蔼，诚恳亲切，语言要通俗易懂，争取与畜（货）主密切合作。对问诊所得的材料应持客观态度，既不能绝对地肯定，又不能简单地否定，而应结合临诊检查资料，进行综合分析，从而找出诊断线索。

2. 视诊

视诊就是用肉眼或借助简单器械观察病牛和牛群病理现象的一种检查方法。视诊的主要内容包括以下几项。

（1）外貌。如体格大小，发育程度，营养状况，体质强弱，躯体结构等。

（2）精神。沉郁或兴奋。

（3）姿态步样。静止时的姿势，运动中的步态。

（4）表被组织。如被毛状态，皮肤、黏膜颜色和特征，体表创伤；溃疡、疹疱、肿胀等病变的位置、大小及形状等。

（5）与体表直通的体腔。如口腔、鼻腔、咽喉、阴道等黏膜颜色的变化和完整性的破坏情况，分泌物、渗出物的数量、性质及混杂物情况。

（6）某些生理活动情况。如呼吸动作和咳嗽，采食、咀嚼、吞咽，有无呕吐、腹泻，排粪、排尿的状态以及粪便、尿液的数量、性质和混有的异物等。

视诊的一般程序是先视检牛群，以发现可能患病的个体。对个体的视诊，先在距离牛 2~3 m 远的地方，从左前方开始，从前向后逐渐按顺序观察头部、颈部、胸部、腹部、四肢，再走到家畜的正后方稍作停留，视察尾部、会阴部，对照观察两侧胸腹部及臀部状态和对称性，再由右侧到正前方。如果发现异常，可接近牛，按相反方向再转一圈，对出现异常变化的部位进行仔细的观察。观察牛运动脚步的状态。

视诊宜在光线较好的场所进行。视诊时应先让牛休息，熟悉周围环境，待呼吸、心跳平稳后进行。切忌只根据视诊症状确定诊断，应结合其他检查结果进行综合分析判断。

3. 触诊

触诊是利用手指、手掌、手背或拳头的触压感觉来判定局部组织或器官状态的一种检查方法。触诊的主要内容包括：

（1）体表状态。耳根、角根、皮肤的温度、弹性及硬度，浅表淋巴结及肿物的位置、大小、形态、温度、内容物的性状以及疼痛反应等。

（2）某些器官的活动情况。如心搏动、脉搏等。

（3）腹腔脏器。可通过软腹壁进行深部触诊，感知腹腔状态，胃、肠、肝、脾的硬度，肾与膀胱的病变以及母牛的妊娠情况等。

4. 听诊

听诊是用耳或听诊器探查某些器官在活动过程中的声响，借以判断其病理变化的一种检查方法。听诊的主要内容是心血管系统、呼吸系统和消化系统。

听诊有直接和间接两种方法。主要用于听诊心音，喉、气管和肺泡呼吸音，胸膜的病理声响以及胃肠的蠕动音等。

听诊应在安静的环境进行，听诊器耳塞与外耳道接触的松紧度要适宜，集音头应紧贴被检部位，胶管不能交叉，也不要与他物接触，以免产生杂音。听诊时注意力要集中，如听呼吸音时要观察呼吸动作，听心音时要注意心搏动等，还应注意与传来的其他器官的声音区别。

5. 嗅诊

嗅诊是利用嗅觉辨别动物散发出的气味，借以判断其病理气味的一种检查方法。

嗅诊内容包括呼吸气味、口腔气味、粪尿等排泄物气味以及带有特殊气味的分泌物等。

请扫描二维码 1-1-1 了解其他动物临诊检疫技术。

二维码 1-1-1　其他动物临诊检疫技术

- **工具准备**

听诊器、体温计、叩诊锤等。

- **材料准备**

防护服、口罩、帽子、手套、胶鞋等。

- **人员准备**

人员分组，每组 5 人，明确职责分工（表 1-1-2）。

表 1-1-2　任务分配

任务角色	任务内容
组长：	任务：
组员 1：	任务：
组员 2：	任务：
组员 3：	任务：
组员 4：	任务：

任务实施

本任务以牛为例，进行动物现场临诊检疫技术操作实践，需进行现场操作实习，实训教师负责联系养牛场开展实践工作。在教师指导下，学生分成每 4~5 人为一个实习小组开展工作。

步骤一：静态观察

牛群在车、船、牛栏、牧场上休息时可以进行静态观察。主要观察站立和睡卧的姿态、皮肤和被毛状况以及肛门有无污秽物。

（1）健康牛。睡卧时常呈膝卧姿势，四肢弯曲。站立时平稳，神态安定。鼻镜检查，湿润，眼无分泌物，嘴角周围干净，被毛整洁光亮，皮肤柔软平坦，肛门紧凑，周围干净，反刍正常有力，呼吸平稳，无异常声音，粪便不干不稀呈层叠状，尿清，正常嗳气。

（2）病牛。睡卧时四肢伸开，横卧，久卧不起或起立困难，站立不稳，头颈低伸，拱背弯腰，恶寒战栗或委顿，眼流泪、有黏性分泌物，鼻镜检查，干燥、龟裂，嘴角周围湿秽流涎，被毛粗乱，皮肤局部可有肿胀，反刍迟缓或停止，呼吸增数、困难，呻吟、咳嗽，粪便或稀或干，或混有血液、黏液，血尿，肛门周围和臀部沾有粪便，不嗳气。

步骤二：动态观察

牛群在车船装卸、赶运、放牧或有意驱赶时进行动态观察。主要观察牛的精神外貌、姿态步样。

（1）健康牛。精力充沛，眼亮有神，步态平稳，腰背灵活，四肢有力，耳尾灵敏，在行进牛群中不掉队。

（2）病牛。精神沉郁或兴奋，两眼无神，曲背弓腰，四肢无力，耳尾不动，走路摇晃，跛行掉队。

步骤三：饮食状态观察

牛群在采食、饮水时进行观察。

（1）健康牛。争抢饲料，咀嚼有力，采食时间长。能够到牛群中抢水喝，运动后饮水不咳嗽。

（2）病牛。厌食或不食，采食缓慢，咀嚼无力，采食时间短，不愿到牛群中饮水，运动后饮水咳嗽。

步骤四：可视黏膜、分泌物、体温和脉搏的检查

牛的个体检疫除精神外貌、姿态步样、被毛皮肤等与群体检疫基本相同外，还须检查可视黏膜、分泌物、体温和脉搏的变化。

牛的体温检查是牛检疫的重要项目，常需全部逐头测温，并注意脉搏检查和肉垂皮温。牛的体温升高，常发生于牛的急性传染病。当牛群发现传染病时，更应逐头测温，并根据传染病的性质，对同群牛隔离观察一段时期。

任务检测

请扫描二维码 1－1－2 进行答题。

二维码 1-1-2　项目一任务一检测

任务评价

完成表 1-1-3 工作任务完成过程评价。

表 1-1-3　工作任务完成过程评价

班级：		组别：	姓名：		
项目	评价方法	分数	自我评价	小组评价	教师评价
训练态度	服从安排，积极主动，认真负责	10 分			
静态检查	方法正确，内容明确	15 分			
动态检查	方法正确，内容明确	15 分			
饮食状态检查	方法正确，内容明确	15 分			
视诊	方法正确，内容明确	15 分			
触诊	方法正确，内容明确	15 分			
测量体温	操作方法正确	15 分			
合计		100 分			
自我评价与总结					
教师点评					

知识拓展

请扫描二维码 1-1-3 了解动物检疫基础认识。

二维码 1-1-3　动物检疫基础认识

任务二　病料的采集

任务导入

在动物检疫的复杂流程中，检疫材料的采集与处理扮演着至关重要的角色。这些材料，通常称为“病料”或“样品”，是实验室检验与疫病诊断的基础。检疫材料的采集不仅是一项简单的任务，更是一项技术性极强的专业工作。在本次任务中，请学生按照各实训室要求正确采集所需病料。

通过本次实训任务，学生能够深入理解检疫材料采集与处理的重要性，掌握正确的采集方法和处理技巧。本任务要求学生采集病禽粪便并运送到指定的实验室进行检验，提交一份翔实的采集运送病料流程及注意事项。

任务准备

- **知识准备**

一、检疫材料采集的原则

（一）典型采样

典型采样即样品具有代表性。一是选择典型动物，即未经药物治疗、症状典型的动物，这对细菌性传染病的检查尤其重要。二是选择典型材料，通常采集病原体含量最高的材料。不同疫病的病原体在动物体内及其分泌物、排泄物中的分布、含量不同，即使同一种疫病，在疫病的不同时期和不同病型中，病原体在体内分布也不同。在采取病料前，对动物可能患某种疫病做出初步诊断，侧重采集该病原体常侵害的部位。如呼吸道疫病采集咽喉分泌物；消化道疫病采集粪便；发热性疫病采集血液、咽喉分泌物、粪便；水疱性疫病采集水疱皮和水疱液。

从动物尸体采样，通常采集有病变的组织、器官或病变最明显、最典型的部位。制备病理组织切片的样品，应与部分健康组织一起进行采集。淋巴结、心脏、肝、脾、肺、肾，不论有无病变，一般均应采取。

（二）适时采集

检疫用的材料因检测目的和项目不同，应尽可能采集新鲜样品。用于分离病原体的，必须在动物病初发热期或出现典型临床症状时采集；若需制备血清，在动物空腹时采血。从动物尸体采样，无论什么检测项目，都应在动物死后立即采集。若无条件，夏季采样时间最好在动物死亡后 2 h 内采样；冬季不超过 24 h。

（三）合理采样

合理采样指取样动物的数量和样品的数量要合理。动物群体发病，至少采取 5 头（只）动物的病料。每样品应有足够的数量，除确保本次试验用量外，以备必要的复检用。对于畜禽产品，按规定采取足量样品。皮张炭疽检疫时，在每张皮的腿部或腋下边缘部位取样，初检取 1 g，复检时在同部位取 2 g。

（四）无菌采样

样品采集全过程均应无菌采集，尤其是供微生物学检查和血清学试验的样品。采样部位、采样用具、盛放样品的容器均需灭菌处理。有些样品，如皮肤上的水疱，采集部位用清水清洗即可，忌用消毒剂消毒。

（五）安全采样

在采样过程中，采样人员要注意安全，防止感染；同时防止病原扩散而造成环境污染。

二、病料采集、处理

（一）病原学检查材料的采集、处理

1. 微生物学检查材料的采集、处理

（1）采集血液。大中动物选颈静脉，需要量少时可从尾静脉或耳静脉，一般每头每次 10 mL；家禽从翅静脉或心脏抽取，每只每次 3~5 mL。死亡动物从右心房采血。全血必须加抗凝剂以防凝固。抗凝剂可选用乙二胺四乙酸二钠、枸橼酸钠、肝素。枸橼酸钠不宜用于病毒血样。采血前，按 10 mL 血液加入 5%枸橼酸钠溶液 1 mL 或 0.1%肝素 1 mL 或乙二胺四乙酸二钠 15~20 mg 的比例，把抗凝剂直接加入真空采血管或试管中，让采集的血液立即与抗凝剂混合，密封后外贴标签，送检或冷藏。冷藏时间不宜太久，以免溶血。病毒样品，在 1 mL 血样中可加入青霉素和链霉素各 500~1 000 U，以抑制血源性或在采血过程中污染的细菌。供细菌学检查的血样不能加抗生素。

（2）采集分泌物和渗出液。采集口腔、鼻腔、喉气管、泄殖腔及阴道分泌物时，通常是将棉棒插入天然孔反复旋转以后蘸取分泌物，然后将样品端剪下。采集咽、食道分泌物前被检动物禁食 12 h，大中动物用食道探子从已扩张的口腔伸入咽喉部、食道，反复刮取。乳汁采集前，应先清洗乳房并消毒，弃去最初挤出的几把乳汁，然后收集 10~20 mL 做检样。尿液可在动物排尿时采集，亦可利用导尿管采取。取样量据检验目的而定，通常取 30~50 mL。水疱液、水肿液、关节囊液，胸腹腔渗出液可用注射器抽取，至少采取 1 mL。脓汁的采集，用棉球蘸取，或用注射器吸取。

（3）采集淋巴结、内脏器官、肌肉。淋巴结连带周围脂肪整体采集；内脏器官和肌肉，通常取病变最明显的部位，取样大小可酌情而定。采集的淋巴结、内脏器官、肌肉分别置于灭菌容器。

（4）采集水疱皮。先将病变部清水清洗，剪取新鲜水疱皮 3~5 g 放入灭菌小瓶。

（5）采集肠管。选取至少 6 cm 肠管，两端结扎，从结扎线外端稍远处剪断，置灭菌玻璃容器或塑料袋中。

（6）采集长骨及肋骨。长骨及肋骨通常整根采集，不要损伤其两端，用 5%石炭酸水溶液浸透的纱布或麻袋片包裹；亦可在骨头撒上食盐，再用麻袋片包裹。

（7）采集流产胎儿、家禽及其他小动物尸体、鱼等。用不透水塑料袋包紧，装入木箱送检。

（8）采集患病小动物。在距离实验室较近，又有较好的隔离运输条件下，可将发病小动物直接送实验室检查。

以上病料采集后，立即放到灭菌的玻璃容器，密封，外贴标签。做细菌学检查的，尽快冷藏。做病毒学检查的，尽快冷冻或加入病毒保护液。常用的病毒保护液有：含抗生素的 pH 7.2~7.4 磷酸盐缓冲液、50%甘油磷酸盐缓冲液、50%甘油生理

盐水，亦可用灭菌生理盐水。

在采集液体材料和固体材料时均需制作涂片，供显微镜检查。液体材料如血液、胆汁、分泌物等直接用灭菌接种环取一滴，于载玻片中央均匀涂布成适当大小的薄层；组织器官则以无菌方法剪取新鲜切面，在玻片上压印（触片）或涂抹成一薄层。涂片自然干燥后，使其涂面彼此相对，两端加以火柴杆或厚纸片，用线缠紧，用纸包好，放小盒内送检。每份病料不少于 3 张涂片。

2. 寄生虫检查材料的采集、处理

（1）血液采集，多从耳静脉采血，立即制成涂片标本。

（2）采集阴道分泌物时，用蘸有生理盐水的棉球在阴道内反复旋转擦拭，再将棉球的液体挤压在载玻片上，制成涂片。当分泌物较少时，可用 35℃左右的生理盐水冲洗阴道、子宫，收集冲洗液，离心，取沉渣涂片镜检。

（3）粪便样本可从动物直肠采集或采集新排出的粪便，一般采样 10~30 g。采集后置于洁净的玻璃容器或塑料袋，冷藏待检。

（4）被寄生虫寄生的组织、器官，采集时常连带寄生虫一并采集，放入 5%~10%福尔马林溶液中。

（5）皮肤刮取物。

螨病病料：在病变皮肤和健康皮肤交界处采集。病变部剪毛，用锐匙或凸刃小刀，与皮肤垂直刮取皮屑，刮到皮肤微出血为止。把刮取物置于洁净小瓶，加塞。若在野外采集样品，可在刀刃上蘸些水或煤油，以防刮风吹跑病料。

蛲虫病病料：用常水浸湿棉球，在马匹肛门周围及会阴部皮肤上反复擦拭，用擦拭后的棉球涂片。

（6）寄生虫。

体表寄生虫：用手或镊子捏取；附有虫体的羽毛可剪下，放入 70%酒精、甘油酒精或 5%福尔马林溶液中。

体内寄生虫：在胃肠道等组织器官洗液中发现蠕虫时，小型线虫用毛笔将虫体挑出，经生理盐水洗净后，移入 70%酒精、甘油酒精或巴氏液固定。大型蠕虫像蛔虫、棘头虫、绦虫用 5%~10%福尔马林溶液固定。

（二）血清学检查材料的采集、处理

1. 血清

（1）采血。用于制备血清的血液采出后不加抗凝剂，不进行脱纤处理。一次采血量，大中型动物每头不少于 10 mL，家禽不少于 3 mL，雏鸡适量。需要检测双份血清比较抗体效价变化时，第二份血液采于病初，制成血清后冻结保存。然后间隔 3~4 周采集制备第二份血清。两份血清同时送检。

（2）制备血清。采血时使血液直接流入试管，加塞，立即摆成斜面，待血液凝固后竖起试管，使血清自然析出。析出的血清用注射器或吸管移至另一试管或青霉素空瓶中，加塞送检。亦可将血液离心分离血清。作血清学检测的血液，在采集、运送、制备血清过程中，均应避免震动和冻结，防止溶血，影响检测结果。

（3）血清保存。制备的血清若能在一周内检测，4℃冷藏。若需保存较长时间，应于-30℃冻结。

2. 抗原

抗原材料的采集、处理方法同微生物学检查材料的采集和处理。

（三）病理组织学检查材料的采集、处理

1. 选材

病理组织学检查材料是制备组织切片镜检用的，为了在显微镜下正确辨别组织和细胞病变，一个视野中应包含病理组织和健康组织。因此，应选择病变部位与健康部位交界处的组织作为检材。而且健康组织应包括器官的主要构造，例如肾组织应包括皮质、髓质、肾盂；肝、脾等应连有被膜。较重要的病变要多取几块，以展示病变的发展过程。若同一器官有不同的病变，分别采取。

2. 采集

切取组织块要用锋利的刀具，切割时必须迅速而正确，忌用拉锯式来回切割。制备切片用的组织块大小为 1.5 cm×1.5 cm×0.5 cm，但采集的新鲜组织块要大一些和厚一些，以便固定后重新修整组织块，并留有备用部分。组织块固定前切忌触摸、挤压，以防改变组织原有结构和性状。

3. 固定

常用的固定液有 10%福尔马林溶液、95%酒精、鲍因氏液（Bouni 氏液）等。固定液的量应是病料体积的 5~10 倍。固定时间通常为 12~24 h。若需长期保存，经 12~24 h 后更换一次固定液。

固定时在容器底部垫以脱脂棉，以防组织粘底而固定不良。若有几个病例的组织固定在同一容器时，应把每个病例的组织块用纱布包好，附上标签再投入固定液中。

供快速冰冻切片检查用的组织常不经固定，采样后尽快送检。如当天不能送出或检查，必须冷冻保存，以免组织腐败和自溶。

三、病料的保存及常用保存剂

（一）病料的保存

1. 保存容器

直接保存检疫材料的容器可选择玻璃或塑料制品；运输时选用木箱、保温瓶、保温箱。所有容器必须完整无损，密封性能良好，清洁无污染。病原学检查的容器，清洗后经干热灭菌或高压灭菌并烘干。塑料制品耐高压的高压灭菌，不耐高压的紫外线消毒或熏蒸消毒。

2. 保存要求

一种材料一个容器，不可将多种病料或多头动物的病料混装在一起。一个容器装量不能过满。液体样品不能超过总容量的 70%。装入样品的容器必须加塞、加

盖，并用胶布封固。液体病料在胶布外还需用溶化石蜡加封。选用塑料袋作容器，需用两层保存，分别用线结扎袋口，防止液体露出或水进入袋中。

3. 贴标签

所有装入样品的容器均需贴附标签。标明样品名称、动物种类、采集时间、采集地点、样品编号等内容。

（二）常用病料保存剂的性能和用途

病料的正确保存方法，是保证病料新鲜或接近新鲜状态的根本保证，是病料最后确诊无误的重要条件。常见动物疫病的检验适用材料见表1-2-1，常用的保存剂有以下几种。

1. 病理组织材料

常用10%福尔马林溶液，亦可用95%～100%酒精等。这些保存液的用量均需较标本大10倍。如用10%福尔马林液固定组织时，经24 h应重换新液一次。神经系统组织（脑、脊髓）需固定于10%中性福尔马林溶液中，其配制方法是在福尔马林溶液的总容积中加5%～10%碳酸镁。在寒冷季节，为了避免病料冻结，在运送前，可将预先用福尔马林固定过的病料置于含有30%～50%甘油的10%福尔马林溶液中。

2. 细菌学检验材料

常用灭菌的液体石蜡、30%甘油缓冲盐水或饱和氯化钠溶液。

细菌学检验的液体，可用封闭的巴斯德毛细管或试管运送。寄送肠道时，先清除肠内粪团，用灭菌生理盐水清洗后，置于盛有上述保存剂的试管中即可。生前由直肠中采取的粪便，可移入灭菌容器中寄送。

3. 病毒学检验材料

常用灭菌的50%甘油缓冲盐水或鸡蛋生理盐水溶液。

4. 血清学检验材料

固体材料（如小块肠、耳、脾、肝、肾及皮肤等）可用硼酸或食盐处理；液体材料（如血清等）可在每毫升中加入3%～5%石炭酸溶液1～2滴。

表1-2-1　主要动物疫病实验室检验适用材料

病名	适用材料
高致病性禽流感	新鲜病死尸体，脑、脾、肺
口蹄疫	未破溃的水疱皮和水疱液、淋巴结
高致病性猪繁殖与呼吸综合征	扁桃体、脾、肾、淋巴结
猪瘟	扁桃体、脾、肾、淋巴结、肝、肺
鸡新城疫	新鲜病死尸体，脑、脾、肺
狂犬病	头部，大脑海马角、小脑
痘病	痘疹组织、病变皮肤、痘内淋巴液
蓝舌病	发热期血液、淋巴结、肝、脾

续表

病名	适用材料
伪狂犬病	脑、肺、肝、脾
炭疽	耳静脉血、水肿液或血便
布鲁氏菌病	血液、胎儿、胎衣、生殖道分泌物、乳汁、尿液
结核病	痰液、结核病灶、乳、脓包、淋巴结、气管黏液
猪丹毒	脾、肝、肾、心脏、淋巴结、病变皮肤
猪肺疫	血液、肺、肝、脾
鼻疽	鼻液、脓汁
马传染性贫血	血液、肝、脾
鸡白痢	新鲜尸体，肝、脾、心脏、胃，成年鸡的卵巢滤泡
球虫病	粪便、肝、肠
旋毛虫病	膈肌脚
弓形虫病	血液、腹水、肝、肺、淋巴结

四、运送病料

（一）病毒学检查的样品

病毒学检材要在特定的温度下，置于保温容器（保温瓶或保温箱）中运输。血液样品要单独存放在保温瓶中，不能和其他样品混合。对冷藏样品，若能在 4 h 内送到实验室，在保温瓶中加入冰块或冰袋，冷藏运输；否则，应将样品进行冷冻处理。对冻结的样品，必须在 24 h 内冷藏送到实验室。若在 24 h 内不能送到实验室，要冷冻运输，即在运输过程中样品的环境温度应保持在-20℃以下。各种样品到达实验室后，若暂时不进行试验，则应保存在-70℃以下环境，不要反复冻融。

（二）细菌学和寄生虫学检查的样品

经冷藏且在 24 h 内能送到的材料，可以冷藏运输，亦可常温运输。否则，必须冷藏运输。

（三）血清样品

经冷藏处理的血清，在 24 h 内能送到实验室，冷藏运送；否则，先将血清冷冻。经冷冻处理的血清，在保温箱内加大量冰袋运送，在 48 h 内到达实验室。

（四）玻片标本和病理组织学样品

常温运送。

（五）采样单

每份样品或每批样品均要有采样单。采样单一式三份，第一联采样单位保存；第二联跟随样品；第三联由被采样单位保存。采样单内容见表 1-2-2。

表 1-2-2　采样单

<table>
<tr><td colspan="2">动物品种：</td><td colspan="2">年龄：</td><td>性别：</td></tr>
<tr><td colspan="3">样品名称：</td><td colspan="2">采自（活体或尸体）：</td></tr>
<tr><td colspan="3">样品数量：</td><td colspan="2">样品编号：</td></tr>
<tr><td colspan="5">采样日期：</td></tr>
<tr><td colspan="5">样品保存条件：</td></tr>
<tr><td colspan="3">被采样单位：</td><td colspan="2">联系电话：</td></tr>
<tr><td colspan="3">采样单位：</td><td colspan="2">联系电话：</td></tr>
<tr><td colspan="5">被检目的：</td></tr>
<tr><td colspan="5">备注：</td></tr>
</table>

注：表中备注一项应写明症状、病理变化、发病率、死亡率、免疫接种等对诊断有帮助的信息。

- **工具准备**

采血器、保定器、开口器、棉签、样品保存器、食道-咽部分泌物采样器、扁桃体采样器、载玻片、剪刀、镊子。

- **材料准备**

采样单、记号笔、签字笔、酒精棉、碘酒棉、胶带。

- **人员准备**

人员分组，每组 5 人，明确职责分工（表 1-2-3）。

表 1-2-3　任务分配

任务角色	任务内容
组长：	任务：
组员 1：	任务：
组员 2：	任务：
组员 3：	任务：
组员 4：	任务：

任务实施

请学生根据所学知识，按照实验室的不同需求采集实验室所需进行样品，以达到样本采集训练的目的。以下步骤仅供参考，具体的采集、处理、保存和运送方法可能因实际情况而有所不同。在实际操作中，请学生严格根据所学知识并遵循相关规范和标准，确保病料的质量和安全性。

步骤一：采集病料

（1）准备好灭菌（至少是干净的，但必须保证干燥）且带盖子的塑料试管或者青霉素瓶若干，以及专业的采血针或一次性注射器（5～10 mL）。每个血样需要一个单独的瓶子或针筒。

（2）根据动物种类和体型选择合适的采血方法。

（3）在采血前，在相应的注射器或容器上做好标记，以区分不同的样品。

步骤二：病料处理

（1）根据需要进行的检查类型（如组织学、病毒学、血清学、细菌学等），选择合适的处理方法。

（2）对于组织学检查，可以使用98%的酒精或10%福尔马林进行固定。固定液体的体积需要比病料大十倍。对于神经系统组织，应使用8%左右碳酸镁溶液和10%福尔马林固定。

（3）对于病毒学检查，可以使用55%甘油或缓冲盐水保存病料组织。在病毒学检查中，最好使用鲍因氏液。

（4）对于血清学检查，在无菌环境下采集动物的血液，并注入无菌试管中。在室内静置 1 h 后，放到温度低于 5℃的环境下进行冷藏。

步骤三：病料保存

（1）根据检查类型选择合适的保存方法。例如，细菌检验材料可以保存于饱和的氯化钠溶液或30%甘油缓冲盐水溶液中；病毒检验材料可以保存于50%甘油缓冲盐水溶液或鸡蛋生理盐水中。

（2）将采取的脏器组织块放入相应的保存液中，容器加塞封固。如系液体，可装在封闭的毛细玻管或试管中运送。

步骤四：病料运送

（1）严密包装。将装病料的容器加塞并蜡封，贴上标签，注明病料名称与编号。装入塑料袋内扎紧，装箱或放入加冰的广口保温瓶内运送。

（2）冷藏防腐。为防止病原微生物死亡，应避免高温和日晒。可以采取加冰块、冰水加硫酸铵（化肥）等方法降温。在夏季运送时，若途中时间较长，应更换降温材料 1～3 次。

（3）附病料送检单。送检单应注明送料单位及地址、动物品种、年龄、发病时间、死亡时间、病料名称、编号、病料中有何种保存液、主要临床症状、病例解剖的主要变化、治疗情况、流行病学情况以及送检的目的要求等。

任务检测

请扫描二维码 1-2-1 进行答题。

二维码 1-2-1　项目一任务二检测

任务评价

完成表 1-2-4 工作任务完成过程评价。

表 1-2-4　工作任务完成过程评价

班级：	组别：		姓名：		
项目	评价方法	分数	自我评价	小组评价	教师评价
实训态度	服从安排，实训认真，能够在实训中发现问题并提出解决方案	10 分			
无菌采样	样品采集过程无菌操作	10 分			
典型采样	根据动物临床表现，选择典型动物和典型样品	10 分			
安全采样	采样过程，既能注意自身安全防护，又能避免对环境的污染	10 分			
样品采集	能正确采集处理血液、棉拭子、组织脏器、皮肤、粪便等样品	50 分			
实训报告	内容完整、准确，书写认真	10 分			
合计		100 分			
自我评价与总结					
教师点评					

知识拓展

常用脏器病料保存剂的配制如表 1-2-5 所示。

表 1-2-5　常用脏器病料保存剂的配制

保存剂名称	所需材料及配比	制作过程
30% 甘油缓冲盐水溶液	纯中性甘油，30 mL 氯化钠，0.5 g 碱性磷酸钠，1 g 0.02% 酚红，1.5 mL 中性蒸馏水，加至 100 mL	混合后在 103.4 kPa 高压灭菌器中灭菌 30 min

续表

保存剂名称	所需材料及配比	制作过程
50%甘油缓冲盐水溶液	氯化钠，2.50 g 碱性磷酸钠，10.74 g 酸性磷酸钠，0.46 g 纯中性甘油，150 mL 中性蒸馏水，50 mL	混合后在 103.4 kPa 高压灭菌器中灭菌 30 min
10%福尔马林溶液	蒸馏水，90 mL 福尔马林，10 mL	取福尔马林 10 mL 加蒸馏水至 100 mL 即可
饱和食盐水溶液	蒸馏水，适量 纯氯化钠，适量	取一定量的蒸馏水加入纯氯化钠，不断搅拌到不能溶解为止（一般为 38%～39%），然后用滤纸过滤备用
鸡蛋生理盐水溶液	鸡蛋，适量 灭菌盐水，占总量的 10%	先将新鲜鸡蛋的表面用碘酒消毒，然后打开将内容物倾入灭菌的三角瓶中，加灭菌盐水（占总量的 10%），摇匀后，用无菌纱布过滤后加热至 56～58℃保持 30 min，第 2 天、第 3 天照上法各加热一次，即可应用

任务三 病理学检查技术

任务导入

在动物医学领域，病理学检查技术是一项至关重要的诊断工具。它基于动物体各系统、器官、组织或细胞的病理变化，为疫病的诊断提供科学依据。

通过本任务，学生不仅能够巩固所学的病理学检查技术知识，还能够提高实际操作能力，为今后从事动物医学领域的工作奠定坚实基础。在本次任务中，请学生充分运用所学的病理学检查技术知识，遵循专业规范和相关法规，正确进行家禽剖检，内脏组织检查及处理剖检后尸体，翔实地记录各组织检查要点及注意事项。

任务准备

- **知识准备**

一、病理解剖学检查技术

病理解剖学检查通常选择病死动物尸体或有典型临诊症状的患病动物进行。用肉眼或借助放大镜、量尺等器械，直接观察和检测器官、组织中的病变部位、病变大小、形态、颜色、质地、分布及切面性状，结合疫病特征性的病理变化，做出检疫结论，见表 1-3-1。

表 1-3-1　动物脏器常见病理变化及疫病范围

部位	病理变化	疫病范围
尸体	尸僵不全	炭疽
天然孔和黏膜	可视黏膜贫血苍白	马传染性贫血、白血病、寄生虫病
	可视黏膜尤其是鼻黏膜出血	炭疽、败血症
	黏膜上有水疱、溃疡、烂斑	口蹄疫、败血症、牛恶性卡他热
	可视黏膜呈黄疸色	牛梨形虫病、犬钩端螺旋体病
	鼻漏	鼻疽
	眼内有脓性分泌物	猪瘟、猪肺疫、禽流感
	眼充血发红	猪丹毒
	阴鞘内有脓性分泌物	猪瘟
	口、鼻、肛门等天然孔出血	急性炭疽
皮肤	颈部皮肤弥漫性出血	猪瘟、猪肺疫
	针尖状小点出血	猪瘟
	菱形、圆形、方形红斑	猪丹毒
	体表水肿	炭疽、马传染性贫血
	红斑、血疹、水疱、脓疱	痘病、口蹄疫
	咽喉部水肿	猪炭疽、巴氏杆菌病
	淋巴管索肿和溃疡	鼻疽
	下颌肿胀	放线菌病
	脱毛、肥厚、痂皮	疥癣
血液	发黑似煤焦油样	炭疽
	发暗不凝、有气泡	恶性水肿病
	淡红、稀薄、不凝结	梨形虫病
皮下组织	黄色胶样浸润	炭疽
	脂肪上有小点出血	败血症
	四肢、腹下、阴囊水肿	马传染性贫血
淋巴结	下颌淋巴结硬固	鼻疽
	肿大、大理石样出血	猪瘟
	肿大、呈黑红色，周围有胶样浸润	猪急性炭疽
	颌下淋巴结肿大呈砖红色、有坏死，周围有胶样浸润	猪头部炭疽
	肿大有出血点	猪肺疫
	颌下淋巴结肿大，切面有砂石样物	猪头部结核
	肿大多汁，呈红色，有出血点	猪丹毒
	淋巴管肿胀、变粗	流行性淋巴管炎

续表

部位	病理变化	疫病范围
腹腔	腹膜上有出血点	败血症
	腹膜上有珍珠样结节	牛结核病
胸膜	胸膜上有出血点	猪肺疫、炭疽、猪瘟和败血症
	胸膜粘连	猪肺疫、猪瘟、结核病
	胸膜上有珍珠样结节	结核病
脾	肿大、色暗、柔软、脾髓呈泥状	炭疽
	边缘部楔状出血、坏死或梗死	猪瘟
	实质中有结节	鼻疽、禽结核病
	显著肿胀	马传染性贫血
	肿大、充气	恶性水肿病
胃	胃内容物异常	狂犬病
	胃黏膜卡他性炎症	猪丹毒、梨形虫病
	胃黏膜出血	炭疽、猪瘟和败血症
	胃黏膜上有纤维素沉着或坏死	猪瘟、牛恶性卡他热
	黏膜上有出血斑	炭疽、马传染性贫血、鸡新城疫、猪霍乱、禽流感
	第四胃出血	羊快疫
	胃黏膜溃疡	坏死杆菌病
肠	回盲瓣处有纽扣状溃疡	猪瘟
	盲肠肥大，内有带血干酪样物	鸡球虫病
	肠系膜淋巴结肿大，呈砖红色	猪肠炭疽
	浆膜下有出血点	炭疽、猪瘟、败血症
	肠系膜上有结节	结核病
	十二指肠卡他性炎症	猪丹毒
	集合滤泡肿胀	马传染性贫血、炭疽、白血病、猪霍乱
	黏膜上有黄灰色假膜	仔猪副伤寒
	大肠出血，内有大块溃疡	牛瘟
肝	呈土褐色	钩端螺旋体病
	肝肿大、有白色坏死点	球虫病、禽霍乱
	实质内有硬结节	禽结核病、牛结核病
	显著肿大，呈豆蔻样色彩	马传染性贫血、梨形虫病
	灰白色斑点	弓形虫病
	脓疡	坏死杆菌病

续表

部位	病理变化	疫病范围
胆囊	胆囊出血	猪瘟
	胆管肥厚、扩张	肝片吸虫病
肾	苍白，有针尖状小出血点	猪瘟
	肿大发红，有大小不一的出血点	猪肺疫
	极度肿大充血，有出血点	猪丹毒
	表面和切面有灰白色结节	结核病、鼻疽
	副肾充血、出血	炭疽、破伤风、狂犬病
	表面、切面粟粒状脓疡	大肠杆菌病
心脏	心包囊出血、有纤维素沉着，心外膜有出血点	猪瘟、禽流感、巴氏杆菌病、鸡新城疫
	虎斑心	口蹄疫
	心内膜出血	巴氏杆菌病、炭疽、马传染性贫血
	心瓣膜有疣状增生物	猪丹毒
肺	有出血斑	猪瘟、猪肺疫、炭疽
	有肝变	猪肺疫
	有粟粒大结节	结核病、鼻疽、寄生虫病
	有对称的灰红色或胶冻样实变	猪支原体肺炎
	脓肿	坏死杆菌病
气管	有泡沫状渗出物	巴氏杆菌病、猪支原体肺炎
	黏膜出血，有黏液注透明渗出物	鸡传染性喉气管炎
	黏膜上有溃疡、结节	鼻疽
	黏膜上有出血点	败血症
喉	喉黏膜出血	猪瘟
	喉部出血性炎症，有渗出物	鸡传染性喉气管炎
	喉头有假膜	牛恶性卡他热、牛瘟、坏死杆菌病
	喉头黏膜溃疡	鼻疽、结核病
鼻腔	出血	炭疽
	鼻黏膜有粟粒大黄白色结节、糜烂、溃疡	鼻疽
	鼻甲骨萎缩	猪传染性萎缩性鼻炎
口黏膜	有水疱、丘疹	牛口蹄疫
	有假膜	猪炭疽、禽痘、牛瘟、坏死杆菌病、猪霍乱
舌	肿大发硬，上有脓肿	放线菌病
	有大小不一的水疱、烂斑	口蹄疫

续表

部位	病理变化	疫病范围
膀胱	膀胱中有血尿	钩端螺旋体病、梨形虫病
	黏膜有点状或树枝状出血	猪瘟
子宫	内膜有粟粒大的灰黄色脓肿	布鲁氏菌病
卵巢	卵巢变形，呈透明水疱或煮熟样	鸡白痢、鸡伤寒
睾丸	睾丸和附睾肿大、坏死	布鲁氏菌病

二、病理组织学检查技术

病理组织学检查是将采集的病变组织制成切片，利用显微镜观察组织和细胞病变的方法。尤其对肿瘤的定性、脑组织病变检查有极高的价值。病理组织学检查中常用的是制备石蜡切片，苏木素-伊红染色法。快速冰冻切片也越来越多地应用在动物疫病诊断中，如猪瘟、牛海绵状脑病的检测。

（一）石蜡切片

将检疫材料在10%福尔马林溶液中固定48 h，经70%、80%、95%、100%系列酒精脱水，石蜡浸蜡、包埋，切片及附贴，二甲苯脱蜡，脱二甲苯，然后用苏木素-伊红染色（细胞核染成蓝色，细胞质染成红色），中性树胶封片后镜检。

（二）冰冻切片

将新鲜组织块用10%福尔马林固定24～48 h，水洗，冰冻切片，然后经贴片、染色、脱水、透明、封片或染色后直接镜检。

三、动物尸体剖检方法

（一）动物尸体剖检的要求

1. 剖检前检查

剖检前仔细检查尸体体表特征（卧位、尸僵情况、腹围大小）及天然孔有无异常（如流血、排泄物等），以排除炭疽等恶性传染病。患炭疽等恶性传染病的动物及其尸体，禁止剖检。若怀疑动物死于炭疽，先采取耳尖血液涂片镜检，排除炭疽后方可解剖。

2. 剖检时间

针对动物尸体，剖检进行得越早越好，尸体久放容易腐败分解而失去剖检价值。所以，夏季在动物死后不超过2 h，冬季不超过24 h。对术者来讲，最好在白天进行剖检，否则在灯光下，夜间进行剖检，病变的颜色会受到干扰。

3. 剖检地点

有条件的在病理解剖室进行。在野外或其他检疫现场剖检时，应选地势高并远离居民区、圈舍及交通要道的地方进行。剖检前挖一深达 2 m 以上的坑，或利用枯井，废旧土坑。坑底撒上生石灰，坑旁铺垫席，在垫席上进行操作。剖检完成后，将动物尸体连同垫席及周围污染的土层，一起投入坑内，撒上生石灰或其他消毒液掩埋，并对周围环境进行消毒。

4. 剖检数量

在畜群发生群体死亡现象时，要剖检一定数量的病死动物。家禽至少剖检 5 只；大中型动物至少剖检 3 头。只有找到共同的特征性病变，才有诊断意义。

5. 剖检术式

动物尸体的剖检，从卧位、剥皮到体内各器官的检查，按一定的术式和程序进行。牛采取左侧卧位，马采取右侧卧位，猪、羊等中小型动物和家禽取背卧位。

6. 安全防护

一要做好工作人员的安全防护工作，避免感染；二要防止环境污染。在整个剖检过程中和剖检结束后应注意清洁消毒。

（二）外部检查

在剖检剥皮之前要详细检查尸体外部状态，以大致区别是普通病还是疫病，并确定是否要进行剖检。

1. 检查尸体变化

动物死亡后受酶、细菌和外界环境因素的影响，会出现尸僵、尸斑、死后凝血、尸腐等变化。通过检查，正确辨认尸体变化，避免把某些死后变化误认为生前的病理变化。

（1）尸僵。动物死后尸体发生僵硬的状态，称为尸僵。可通过检查下颌骨的可动性和四肢能否屈伸来判断。一般死于败血症和中毒性疫病的动物，尸僵不明显。

（2）尸斑。即尸体倒卧侧皮肤的坠积性淤血现象，局部皮肤呈青紫色。动物皮肤厚，且有色素和被毛遮盖，不易发现，要结合内部检查。

（3）尸腐。因消化道内致腐微生物繁殖引起尸体腐败分解并产生气体所致。常表现尸体腹部膨胀，体表的部分皮肤、内脏，特别是与肠管接触的器官呈现灰蓝色或绿色，血液带有泡沫，尸体散发出恶臭气味。

2. 检查皮肤

检查被毛及营养状况，注意有无外伤、骨折、皮肤溃疡、水肿、出血、丘疹、坏死及皮肤寄生虫等。

3. 检查天然孔

检查天然孔的开闭状态，有无排泄物、分泌物及性状，同时查可视黏膜。败血症尸体的口、鼻、肛门等处常流出血样液体。

（三）内部检查

1. 皮下检查

注意皮下脂肪的量和性状，浅表淋巴结的性状，肌肉发育状态和病变。炭疽时皮下呈出血性胶样浸润；败血性传染病，淋巴结、肌肉多有出血斑或出血点；寄生虫病，肌肉中有寄生虫包囊或结节。

2. 内脏器官的检查

先检查腹腔和腹腔器官，再检查胸腔和胸腔器官。各内脏器官多从尸体上采出后检查，亦可不采出进行检查。禽、兔等小动物和仔猪、羔羊等幼龄动物内脏器官常连带在尸体上进行检查。

（1）切开腹腔和胸腔之后，首先观察暴露的腹腔、胸腔器官在动物体内自然位置是否正常，其表面有无充血、出血、粘连、肿瘤、寄生虫。然后由暴露部分开始，由表及里，由后向前逐一检查器官外表性状，检查腹腔、胸腔液体的量和性状，腹、胸壁浆膜性状。

（2）对有病变和病变严重的器官要重点检查，分辨病理变化特点，判定病变性质。病变器官检查多采用视诊、触诊、剖检的方法，依次进行。

先看脏器的大小、形态、颜色、表面性状（表面光滑或粗糙、凹或凸、有无干酪样物或粉末状物）。再用手触摸、按压检查脏器质地（软硬度、弹性、脆性、颗粒状）。最后，切开脏器检查切面性状，看切面组织结构是否清晰、有无结节、出血、寄生虫及其他病变。如有特殊病灶，则对病灶进行细致检查。

3. 检查口腔、鼻腔和颈部器官

检查口腔、鼻腔和颈部器官时，注意有无创伤、出血、溃疡、水疱、肿胀、寄生虫等变化。剪开食管和气管，主要看食管黏膜和管壁厚度、气管分泌物的性质（浆液性、黏液性、出血性）和黏膜病变。

口腔、鼻腔和颈部器官的检查，对以口腔、食道和上呼吸道变化为主要表现形式的疫病，如鸡传染性喉气管炎、禽痘（黏膜型）、兔瘟、鸭瘟等有较大诊断价值。必要时对脑、脊髓、骨髓、关节、肌肉、筋腱、生殖器官进行检查。

（四）剖检记录

1. 记录内容

除记录被检动物的畜种、年龄、性别、临诊摘要外，应详细记录外部检查和内部检查时各系统的变化，这是尸体剖检报告的主要依据，也是综合分析诊断的原始材料。对病变严重的器官，更要详细准确记录其病理变化。所记内容要求完整、客观、真实。记录应在检查过程中完成，不宜事后补记。

2. 病变描述

对剖检所见病变的描述，必须客观准确，反映组织器官本来的变化。对病变大小应尽可能用数字表述，或用确切的实物比喻，如鸡蛋大；描述有复色的病变组织时，要分清主色和次色，一般次色在前，主色在后，如灰白色、紫红色。对色泽混杂的病变组织用实物形容，如淋巴结切面周边出血，间有灰白色淋巴组织，呈红白相间似“大理石样”；肝肿大淤血并脂肪变性时，切面呈红黄相间的“槟榔样”。无肉眼可见变化的器官，概括为“无肉眼可见变化”等。

- **工具准备**

解剖刀、剪刀、运尸车、焚烧炉、铁锅、高压锅。

- **材料准备**

防护服、手套、胶靴、口罩、消毒液。

- **人员准备**

人员分组，每组 5 人，明确职责分工（表 1-3-2）。

表 1-3-2　任务分配

任务角色	任务内容
组长：	任务：
组员 1：	任务：
组员 2：	任务：
组员 3：	任务：
组员 4：	任务：

任务实施

在本任务中，学生结合所学的病理学检查技术知识，合理处理动物尸体。

步骤一：动物尸体剖检前的准备

（1）安全准备。确保剖检区域干净、整洁，并远离食物和饮用水源。穿戴适当的防护服、手套、护目镜和口罩，以防止接触和吸入可能存在的病原体。

（2）工具准备。准备必要的剖检工具，并确保它们清洁且锋利。此外，还需要准备用于固定和标记动物尸体的材料，如绳索、标签等。

（3）记录准备。准备一份详细的剖检记录表，用于记录剖检过程中的发现、异常情况和病理变化。这有助于后续的分析和诊断。

（4）动物尸体准备。检查动物尸体，确保其完整且没有外部损伤。如果可能的话，先对尸体进行初步观察，包括体表的毛发、皮肤、颜色等特征，以及任何可能的病变或伤口。

步骤二：动物尸体剖检

（1）外部检查。首先进行外部检查，观察动物的整体状况。注意记录任何异常发现，如肿胀、变色、破损等。

（2）切口选择。根据剖检目的和需要，选择合适的切口位置。

（3）逐层剖开。使用手术刀和剪刀逐层剖开动物尸体。

（4）内脏器官检查。对暴露出的内脏器官进行仔细检查并记录任何异常发现。

（5）组织样本采集。根据需要采集组织样本，用于后续的病理学检查。

步骤三：尸体处理

（1）清理工作。剖检完成后，及时清理剖检现场，包括清洗工具、消毒场地和处理废弃物等。确保剖检区域恢复到干净、整洁的状态。

（2）尸体处理。根据当地法规和规定，对动物尸体进行适当的处理。常见的处理方法包括焚烧、深埋或送往专门的动物尸体处理中心。在处理过程中，要遵守相关的卫生和安全要求，防止病原体的传播和污染。

（3）记录整理。整理剖检记录表，将剖检过程中的发现、异常情况和病理变化进行整理和分析。

任务检测

请扫描二维码 1-3-1 进行答题。

二维码 1-3-1　项目一任务三检测

任务评价

完成表 1-3-3 工作任务完成过程评价。

表 1-3-3　工作任务完成过程评价

班级：		组别：		姓名：	
项目	评价方法	分数	自我评价	小组评价	教师评价
实训态度	服从安排，实训认真，能够在实训中发现问题并提出解决方案	10 分			
安全防护	注重生物安全，防止环境污染，注重人身安全，避免感染	10 分			
外部检查	能正确进行被毛、皮肤、天然孔的检查	10 分			
皮下检查	能正确进行皮下、体表淋巴结的检查	10 分			
内部检查	能正确进行消化系统、呼吸系统、心脏、脾、泌尿系统、生殖系统、淋巴结、脑的检查	30 分			
剖检记录	能正确记录病理检查结果	10 分			
诊断结果	能通过病理检查，做出初步诊断	10 分			
实训报告	内容完整、准确，书写认真	10 分			
合计		100 分			
自我评价与总结					
教师点评					

知识拓展

请扫描二维码 1-3-2 了解病死动物尸体处理的方法。

二维码 1-3-2　动物尸体处理的方法

剖检人员，特别是剖检传染病动物尸体时，应穿着工作服，外罩胶皮或塑料围裙，戴胶手套、线手套、工作帽，穿胶鞋，还要戴上口罩和防护眼镜。如缺乏上述用物时，可在手上涂抹凡士林或其他油类，保护皮肤，以防感染。在剖检过程中，应保持清洁和注意消毒，常用清水或消毒液洗去剖检人员手上和刀剪器械上的血液、脓液和各种排出物。在剖检中不慎切破皮肤时，应立即停止剖检，洗净伤口，涂敷碘酒消毒包扎，另换手套才可重新剖检。如血液或其他渗出物溅入眼内，可用硼酸水充分冲洗。

搬运尸体时，应先用浸透消毒液的棉花团塞住天然孔，并用消毒液喷洒体表，然后才能运送。剖检前应在尸体体表喷洒消毒液。剖检结束后，可先用肥皂水洗涤双手，再用消毒液冲洗。为了消除粪便和尸腐臭味，可先用 0.2%高锰酸钾溶液浸洗，再用 2%~3%草酸溶液洗涤褪去棕褐色后，再用清水冲洗。

剖检器械、衣物等都要消毒和洗净。胶手套消毒后，用清水洗净、抹干，撒上滑石粉。金属器械消毒清洁后及时擦干，涂抹凡士林，以免生锈。

任务四　病原学检查技术

任务导入

病原学检查是确保动物健康、预防和控制动物疫病传播的关键环节。通过病原学检查，能够准确识别并鉴定引起动物疫病的病原体，为动物疫病的防控提供科学依据。

在本次任务中，请学生比较各类病原学检查方法的特点和优点，同时，对任务二采集到的病料在实验室进行体内外寄生虫检测。该任务旨在提升学生在病原学检测领域的实际操作能力和应用技能。

任务准备

- **知识准备**

一、细菌性传染病病原检查

（一）显微镜检查法

1. 病料处理

将病料涂成薄而均匀的涂片，室温下自然干燥。若为细菌培养物涂片用火焰固定，血液和组织涂片多用甲醇固定，然后据检查目的选择合适的染色方法。

常用的染色方法有革兰氏染色法、亚甲蓝染色法、瑞氏染色法和吉姆萨染色法。有些细菌需采用特殊染色方法，如结核分枝杆菌和副结核分枝杆菌用萋-尼氏抗酸性染色法；布鲁氏菌用柯氏鉴别染色法；钩端螺旋体用镀银染色法。有时为观察细菌特殊构造，也需要特殊染色如用荚膜染色法观察细菌的荚膜。

2. 显微镜检查

经染色水洗后的涂片标本，用吸水纸吸干（切勿摩擦），亦可在酒精灯火焰的远端烘干。滴加香柏油，用油镜观察细菌的形态结构和染色特性。

（二）培养检查法

各种细菌在培养基上培养时，表现出一定的生长特征，可作为鉴别细菌种属的重要依据。

1. 固体培养基上菌落性状的检查

细菌在固体培养基上培养，长出肉眼可见的细菌菌落。其菌落大小、形状、边缘特征、色泽、表面性状和透明度等因不同菌种而异。因此，菌落特征是鉴别细菌的重要依据。

2. 液体培养基上液体性状的观察

细菌在液体培养基中生长可使液体出现混浊、沉淀、液面形成菌膜以及液体变色、产气等现象。在普通肉汤中，大肠杆菌生长旺盛使培养基均匀混浊，培养基表面形成菌膜，管底有黏液性沉淀，并常有特殊粪臭气味；而巴氏杆菌则使肉汤轻度混浊，管底有黏稠沉淀，形成菌环；铜绿假单胞菌生长旺盛，肉汤呈草绿色混浊，液面形成很厚的菌膜。

（三）生化试验

生化试验是利用生物化学的方法，检测细菌在人工培养繁殖过程中所产生的某种代谢产物是否存在，是一种定性检测。不同的细菌，代谢产物各异，表现出不同的生化性状，这些性状对细菌种属鉴别有重要价值。生化试验的项目很多，常用的生化反应有糖发酵试验、靛基质试验、乙酰甲基甲醇试验（VP 试验）、甲基红试验、硫化氢试验等。

（四）动物试验

通过动物试验可以分离并鉴定细菌。最常用的实验动物有小鼠、大鼠、豚鼠和家兔。实验动物接种方法有皮下接种法、腹腔接种法、肌内接种法、静脉注射法。动物接种以后应立即隔离饲养，每天从静态、动态和摄食饮水诸方面进行观察，做好记录。对发病和死亡的实验动物及时剖检，观察病理变化，并采取病料接种培养基，分离病原体。

二、病毒性传染病病原检查

（一）病毒分离培养

病毒分离培养要求活的组织、细胞。常用的方法有鸡胚接种、动物组织培养和动物接种。

1. 样品处理

将检疫材料制成混悬液，并加入抗生素以去除污染的杂菌，而后离心取上清液供病毒分离培养。无菌的体液如腹水、水疱液、脱纤血液等，可以不作处理，直接进行病毒分离培养。

2. 鸡胚接种

来自禽类的病毒均可在鸡胚中增殖，某些哺乳动物的病毒（如蓝舌病病毒）也可在鸡胚中繁殖。

（1）鸡胚的选择。选择健康无病鸡群或无特定病原体（SPF）鸡群的新鲜受精蛋孵化。鸡胚日龄据接种途径和接种材料而定。痘病毒，适合绒毛尿囊膜接种，用10~13日龄鸡胚；鸡新城疫病毒，适合绒毛尿囊腔接种，用9~11日龄鸡胚；流行性乙型脑炎病毒，适合卵黄囊内接种，用5~8日龄鸡胚。

（2）绒毛尿囊腔接种程序。照蛋（用铅笔在蛋壳上画出气室线位置）→打孔（距气室线下1 cm处或气室顶端）→接种（针头沿小孔插入，深1.5 cm）→封孔（用融化石蜡封闭小孔）。接种完成后将鸡胚置孵育箱培养48~72 h，其间检查鸡胚病变，收获病毒。

3. 动物组织培养

在病毒分离培养中广泛采用细胞培养技术。细胞培养技术分单层细胞培养和悬浮细胞培养。单层细胞培养使细胞在器皿的表面生长出一层或数层细胞，常用于病毒的分离培养。悬浮细胞培养是把细胞悬浮在营养液中进行培养，这种方法可连续进行，多用于疫苗生产。

4. 动物接种

同细菌学检查。

（二）病毒检查方法

1. 包涵体检查

有些病毒（如狂犬病病毒、犬瘟热病毒）在细胞内增殖后，细胞内会出现一种异常的斑块，这就是包涵体。包涵体用塞勒氏染色法染色（也可用吉姆萨染色），在普通光学显微镜下即可看到。包涵体的形态、大小、位置等因病毒的种类不同而异，因此有助于病毒的鉴定。狂犬病病毒的包涵体（即尼氏小体）位于神经细胞的细胞质内，取大脑的海马角、小脑或延脑制作触片，塞勒氏染色镜检，呈圆形、卵圆形，樱桃红色；伪狂犬病病毒的包涵体位于细胞核内；也有病毒的包涵体在细胞核和细胞质内同时存在，如犬瘟热病毒。

2. 病毒培养性状观察

病毒在活的细胞内培养增殖后，使易感动物、鸡胚、细胞发生病变或变化，能用肉眼或在普通光学显微镜下观察到，可供鉴别。像鸡新城疫病毒在鸡胚绒毛尿囊腔生长后，鸡胚全身皮肤有出血点，尤其是脑后；鸡胚绒毛尿囊膜接种鸡痘病毒产生痘斑病变。细胞病变需在光学显微镜下观察，常见病变有：细胞变形皱缩，细胞质内出现颗粒，核浓缩、核裂解或细胞裂解，出现空泡。根据病毒的细胞培养性状，结合被检动物临诊表现可做出预测性诊断。

3. 病毒形态学观察

病毒形态学观察有直接电镜观察和免疫电镜技术。直接电镜观察，是将被检材料经处理浓缩和纯化，用2%~4%磷钨酸钠染色，在电子显微镜下直接观察散在的病毒颗粒。免疫电镜技术是把抗原抗体反应的特异性与电子显微镜的高分辨率相结合而建立的检测新技术。将待检样品与抗血清混合后，形成抗原抗体复合物，经超速离心，吸取沉淀物染色，电子显微镜观察。由于抗体将病毒浓缩在一起，极大地提高了检出率和敏感性。

4. 病毒核酸检测

病毒主要由核酸和蛋白质组成，核酸构成病毒的核心。一种病毒只含有一种核酸（DNA 或 RNA）。通过检测病毒核酸达到诊断疫病的目的。目前，最常用的检测方法是聚合酶链式反应。

三、寄生虫病病原检查

（一）虫卵检查法

主要用于动物蠕虫病诊断，尤其是寄生在动物消化道及其附属腺体中的寄生虫。一般取动物粪便检查。

1. 直接涂片镜检

先于载玻片中央滴加 1 滴生理盐水或蒸馏水，再用灭菌环挑起少许粪便，在水滴中混合，均匀涂布成适当大小的薄层，进行显微镜检查。但在粪便中虫卵较少时，检出率不高。

2. 集卵法检查

利用不同密度的液体对粪便进行处理，使粪中的虫卵下沉或上浮而被集中起来，再进行镜检，提高检出率。其方法有水洗沉淀法与饱和盐水漂浮法。

（1）水洗沉淀法。取 5~10 g 被检粪便放入烧杯或其他容器，捣碎。加常水 150 mL 搅拌，过滤，滤液静置沉淀 30 min，弃去上清液，保留沉渣。再加水，再沉淀，如此反复直到上清液透明，弃去上清液，取沉渣涂片镜检。此方法适合比重较大的吸虫卵和棘头虫卵的检查。

（2）饱和盐水漂浮法。取 5~10 g 被检粪便捣碎，加饱和食盐水（1 000 mL 沸水中加入食盐 400 g，充分搅拌溶解，待冷却，过滤备用）100 mL 混合过滤，滤液静置 45 min 后，取滤液表面的液膜镜检。此法适用于线虫卵和绦虫卵的检查。

（二）虫体检查法

1. 蠕虫虫体检查法

绝大多数蠕虫的成虫较大，肉眼可见，用肉眼观察其形态特征可作诊断。幼虫检查法主要用于非消化道寄生虫和通过虫卵不易鉴定的寄生虫的检查。如肺线虫的幼虫用贝尔曼氏幼虫分离法（漏斗幼虫分离法）和平皿法。平皿法特别适合检查球形畜粪，取3~5个粪球放入小平皿，加少量40℃温水，静置15 min，取出粪球，低倍镜下观察液体中活动的幼虫。另外，丝状线虫的幼虫常采取血液制成压滴标本或涂片标本，显微镜检查；血吸虫的幼虫需用毛蚴孵化法检查；旋毛虫、猪肉孢子虫则需进行肌肉压片镜检。

2. 蜘蛛昆虫虫体检查法

通常采用煤油浸泡法，病料置于载玻片上，滴加数滴煤油，上覆另一载玻片，用手搓动两玻片使皮屑粉碎，镜检。对于蜱等其他蜘蛛昆虫，常采用肉眼检查法。

3. 原虫虫体检查法

原虫大多为单细胞寄生虫，肉眼不可见，需要借助于显微镜检查。

（1）血液原虫检查法。有血液涂片检查法（梨形虫的检查）、血液压滴标本检查法（伊氏锥虫的检查）、淋巴结穿刺涂片检查法（牛环形泰勒虫的检查）。

（2）泌尿生殖器官原虫检查法。可将采集的病料放于载玻片，并防止材料干燥，高倍镜、暗视野镜检，能发现活动的虫体。也可将病料涂片后甲醇固定，吉姆萨染色，镜检。

（3）球虫卵囊检查法。同蠕虫虫卵检查的方法，可直接涂片，亦可用饱和盐水漂浮。若尸体剖检，家兔可取肝坏死病灶涂片，鸡可用盲肠黏膜涂片，染色后镜检。

（4）弓形虫虫体检查法。活体检疫，可取腹水、血液或淋巴结穿刺液涂片，吉姆萨染色，镜检，观察细胞内外有无滋养体，包囊。尸体剖检，可取脑、肺、淋巴结等组织做切片，染色镜检。亦常取死亡动物的肺、肝、淋巴结或急性病例的腹水、血液作为病料，于小鼠腹腔接种，观察其临诊表现并分离虫体。

- **工具准备**

移液枪、PCR仪、凝胶成像仪、电泳仪、离心机、高速冷冻离心机、恒温箱、干燥箱、实验动物、显微镜、载玻片。

- **材料准备**

手套、口罩、染色液、消毒液、检测试剂。

- **人员准备**

人员分组，每组5人，明确职责分工（表1-4-1）。

表 1-4-1　任务分配

任务角色	任务内容
组长：	任务：
组员 1：	任务：
组员 2：	任务：
组员 3：	任务：
组员 4：	任务：

任务实施

在本任务中，学生结合所学的病原学检查技术知识，完成病原菌标本片制备、染色及形态学观察。

目标要求：能利用不同的材料进行病原菌标本片的制备，会进行常规染色，并认识病原菌的不同染色特性。利用显微镜的油镜进一步观察病原菌的形态和特殊结构。

步骤一：材料的准备

仪器及材料：酒精灯、接种环、载玻片、吸水纸、生理盐水、亚甲蓝染色液、革兰氏染色液、瑞氏染色液、染色缸、染色架、洗瓶、显微镜、香柏油、乙醇乙醚（或二甲苯）、擦镜纸、细菌病料、无菌镊子和剪刀、特种铅笔等。

步骤二：细菌标本片的制备

（1）抹片。根据所用材料不同，抹片的方法亦有差异。

①固体培养物。取洁净的玻片一张，把接种环在酒精灯火焰上烧灼灭菌后，取 1~2 环无菌生理盐水，放于载玻片的中央，再将接种环灭菌，冷却后，从固体培养基上挑取菌落或菌苔少许，与水混匀，做成直径 1 cm 的涂面。接种环用后需灭菌。②液体培养物。可直接用灭菌接种环钩取细菌培养液 1~2 环，在玻片上作直径 1 cm 的涂面。③液体病料（血液、渗出液、腹水等）。取一张边缘整齐的载玻片，用其一端蘸取血液等液体材料少许，在另一张洁净的玻片上，以 45°均匀推成一薄层的涂面。④组织病料。以无菌剪刀、镊子剪取被检组织一小块，以其新鲜切面在玻片上做 3~5 个压印或涂抹成适当大小的一薄层。

无论何种方法，切忌涂抹太厚，否则不利于染色和观察。

（2）干燥。涂片应在室温下自然干燥，必要时将涂面向上，置火焰高处微烤加热干燥。

（3）固定。固定的方法因染色方法不同而异。①火焰固定。是最常用的方法，将干燥好的抹片涂面向上，在火焰上来回通过数次（一般 4~6 次），以手背触及玻片微烫手为宜。②化学固定。有的血涂片、组织触片用吉姆萨染色时，要用甲醇固定 3~5 min。固定的目的是使菌体蛋白质凝固，形态固定，易于着色，并且经固定的菌体牢固黏附在玻片上，水洗时不易冲掉。

步骤三：病原菌的形态学观察

一般将染色标本片置于显微镜油镜下，观察病原菌的基本形态（球形、杆形、螺旋形等）、特殊结构（荚膜、鞭毛、菌毛和芽孢）、染色特性等。不染色标本片用压滴法和悬滴法观察病原菌的运动情况。

任务检测

请扫描二维码 1-4-1 进行答题。

二维码 1-4-1　项目一任务四检测

任务评价

完成表 1-4-2 工作任务完成过程评价。

表 1-4-2　工作任务完成过程评价

班级：		组别：	姓名：		
项目	评价方法	分数	自我评价	小组评价	教师评价
实训态度	服从安排，实训认真，能够在实训中发现问题并提出解决方案	10 分			
安全防护	注重生物安全，防止环境污染，注重人身安全，避免感染	10 分			
涂片镜检	能正确进行涂片制作并进行各种染色方法	10 分			
分离培养和鉴定	能正确细菌的分离培养和鉴定	20 分			
病毒核酸检测	能正确进行 PCR 技术的操作	30 分			
诊断结果	能对实验室检查结果做出诊断分析	10 分			
实训报告	内容完整、准确，书写认真	10 分			
合计		100 分			
自我评价与总结					
教师点评					

知识拓展

一、PCR 技术的主要用途

聚合酶链式反应（PCR），是由美国 Centus 公司的 Kary Mulis 发明，1985 年 Saiki 等首次报道的一种体外快速扩增特异性 DNA 片段的技术。应用这一技术，可以将生物材料中微量的目的 DNA 片段在体外扩增上百万倍甚至一千万倍，从而获得大量特异性核酸。目前，PCR 技术已广泛应用于病原微生物的微量检测、突变基因筛选、法医学鉴定等与生命有关的各个领域。在动物检疫中，它主要用于微量样品和不完整病原的检测，尤其适用于个体极小、难于观察且难于人工培养的病毒的检测。过去用常规检测技术几天甚至几周才能完成的试验，用该技术几个小时便可完成，并且该技术操作的每个步骤都不需要活的病毒，不会造成病原对环境的污染，对防疫有重大意义。

二、PCR 技术的原理

（一）PCR 反应基本成分

要被复制的 DNA 模板（目的 DNA）、特异性引物（寡聚核苷酸片段）、DNA 聚合酶（常用 Taq 酶，一种从嗜热杆菌中提取的耐热酶）、4 种脱氧核糖核苷酸、含 Mg^{2+} 的缓冲溶液。

（二）反应原理

PCR 以欲扩增的 DNA 分子作为模板，以和模板正链和负链末端互补的两条寡聚核苷酸片段作为引物，以 4 种脱氧核糖核苷酸作为原料，在耐高温的 DNA 聚合酶作用下，按半保留复制和碱基配对原理，将 4 种脱氧核糖核苷酸沿模板链逐个加入延伸直到合成新的 DNA。新合成的 DNA 又成为下一个循环的模板 DNA。如此重复，即可使目的 DNA 片段得到扩增。

三、PCR 技术的基本步骤

（一）模板 DNA 变性（高温变性）

将欲扩增的目的 DNA 在 95℃ 保持 5 min 变性，使其双链的氢键断裂，螺旋分开，形成两条单链 DNA。

（二）引物结合（低温退火）

将反应系统温度下降至适宜温度（通常为 37～55℃），使引物分别与模板单链 DNA 配对互补结合，形成局部双链。

（三）引物延伸

将温度升至 72℃，DNA 聚合酶以 4 种脱氧单核苷酸为原料，在 Mg^{2+} 存在的条件下，从引物 3′羟基端开始，与模板 DNA 上的碱基配对逐个加入核苷酸，合成新的 DNA。

四、特异性核酸的检出

取 PCR 产物与加样缓冲液混合，加入琼脂糖凝胶板的加样孔中，在一定电压下电泳 30~40 min。在紫外凝胶成像仪或紫外分析仪器上观察结果。

任务五　免疫学检查技术

任务导入

免疫学检查技术是识别病原体、评估动物免疫状态及监测疫病流行的重要手段。在本次任务中，请学生比较不同的免疫学检查技术，找出各自的特点和优点，并对任务二中采集到的血液样本在实验室内进行血凝和血凝抑制试验。

任务准备

- **知识准备**

免疫学检查技术是一种基于免疫学原理，通过检测和分析生物样本中的免疫相关物质来评估个体免疫状态、诊断疾病或监测治疗效果的技术。免疫学检查技术包括多种方法，如血清学检测、免疫荧光技术、酶联免疫吸附试验（ELISA）等。这些技术各有特点，可以根据不同的检测需求选择合适的方法。

一、血清学检测技术

血清学检测技术是免疫检查技术的一种。血清学检测技术主要基于抗原-抗体反应，通过检测血清中的抗体、抗原或其他生物标志物来研究疾病、感染、免疫反应等生物过程。血清学检测技术种类繁多，有操作简单的凝集反应，沉淀反应；有操作较为复杂的补体结合反应，细胞中和试验；亦有广泛应用在疫病诊断中的酶标记抗体技术等。而这些技术都是建立在抗原、抗体特异性反应基础之上。抗原与相应抗体在体外一定条件下发生反应，这种反应现象能用肉眼观察到或通过仪器检测出来。因此，可利用抗原、抗体中已知的任何一方去检测未知的另一方，以达到检疫目的。

（一）凝集反应

1. 直接凝集反应

直接凝集反应有玻片法和试管法。玻片法在洁净的载玻片或玻璃板上进行；试管法在洁净的试管中进行。主要试剂有被检血清，凝集抗原，标准阳性血清，标准阴性血清，稀释液。

直接凝集反应主要用在布鲁氏菌病、鸡白痢、鸡支原体病、猪传染性萎缩性鼻炎等疫病的检疫中。

2. 间接凝集反应

先将可溶性抗原（或抗体）吸附在载体颗粒（红细胞、乳胶等）表面，然后与相应抗体（或抗原）作用。间接凝集反应若以红细胞（多用绵羊红细胞）作载体，称为间接血凝反应；若以乳胶作载体，称为乳胶凝集反应。

间接凝集反应若用已知抗原吸附在载体上来鉴定抗体，称为正向间接凝集反应；若用已知抗体吸附在载体上来鉴定抗原，称为反向间接凝集试验。反向间接凝集试验主要用于猪传染性水疱病与猪口蹄疫检测。

3. 血凝和血凝抑制试验

血凝和血凝抑制试验即通常所说的抗体检测。某些病毒能选择性凝集某些动物的红细胞，这种凝集红细胞的现象称为血凝（HA）。而在病毒悬液中加入特异性抗体作用一定时间，再加入红细胞时，红细胞的凝集被抑制（不出现凝集现象），称红细胞凝集抑制反应（HI）。HA 和 HI 广泛应用在鸡新城疫、禽流感、鸡减蛋综合征等疫病的诊断检测中。试验常在“V”形 96 孔微量反应板上进行。

（二）沉淀反应

1. 环状沉淀反应

反应在小试管中进行，当沉淀素血清与沉淀原发生特异性反应时，在两液面接触处出现致密、清晰明显的白环，即环状沉淀反应阳性。常用于炭疽病的诊断和皮张炭疽检疫。

2. 琼脂扩散反应

在半固体琼脂凝胶板上按备好的图形打孔，一般由一个中心孔和 6 个周边孔组成一组，孔径 4~5 mm，孔距 3 mm。中心孔滴加已知抗原悬液，周围孔滴加标准阳性血清和被检血清。当抗原、抗体向外自由扩散而特异性相遇时，在相遇处形成一条或数条白色沉淀线，即琼脂扩散试验结果阳性。

琼脂扩散试验是马传染性贫血、鸡马立克氏病、鸡传染性支气管炎、鸡传染性喉气管炎及鸡传染性法氏囊病常用的诊断方法。此外，把琼脂扩散试验与电泳技术相结合建立起免疫电泳试验，它使抗原、抗体在琼脂凝胶中的扩散移动速度加快，并限制了扩散移动的方向，缩短了试验时间，增强了试验的敏感性。

（三）标记抗体技术

虽然抗原与抗体的结合反应是特异性的，但在抗原、抗体分子小，或抗原、抗体含量低的时候，抗原、抗体结合后所形成的复合物却不可见，给疫病检测带来困难。而有一些物质如酶、荧光素、放射性核素、化学发光剂，等等，即便在微量或超微量时也能用特殊的方法将其检测出来。因而，人们将这些物质标记到抗体分子上制成标记物，把标记物加入抗原-抗体反应体系中，结合到抗原-抗体复合物上。通过检测标记物的含量，间接显示抗原-抗体复合物的存在，使疫病获得诊断。

根据抗原-抗体结合的特异性和标记分子的敏感性而建立的诊断检测技术，称为标记抗体技术。免疫学检测中的标记技术主要包括酶标记抗体技术、荧光标记抗体技术、化学发光免疫检测技术、胶体金免疫检测技术、同位素标记技术以及 SPA（葡萄球菌 A 蛋白）免疫检测技术等。

1. 酶标记抗体技术

主要有免疫酶染色法和酶联免疫吸附试验（ELISA）。ELISA 是目前生产中应用广、发展快的检测新技术之一，具有简便、快速、敏感、易于标准化、适合大批样品检测的特点。在动物检疫中被用于众多传染病的诊断检测，是猪伪狂犬病、猪繁殖与呼吸综合征、猪弓形虫病、猪囊尾蚴病、猪旋毛虫病以及牛白血病、禽白血病等疫病诊断的农业行业标准方法。

（1）基本原理。ELISA 是将抗原抗体反应的特异性和酶催化底物反应的高效性与专一性结合起来，以酶标记的抗体（或抗原）作为主要试剂，与吸附在固相载体上的抗原（或抗体）发生特异性结合。滴加底物溶液后，底物在酶的催化下发生化学反应，呈现颜色变化。根据颜色深浅用肉眼或酶标仪判定结果。

（2）固相载体。ELISA 全过程在固相载体上进行。固相载体有聚苯乙烯微量滴定板、聚苯乙烯球珠、醋酸纤维素滤膜、疏水性聚酯布等。其中最常使用的载体是聚苯乙烯微量滴定板，又称酶标板（48 孔或 96 孔）。在此板上进行的 ELISA，就是通常所说的 ELISA 方法。

（3）常用于标记的酶及显色底物，见表 1-5-1。

表 1-5-1　常用的酶及显色底物

酶	底物	加终止液前颜色	加终止液后颜色
辣根过氧化物酶（HRP）	邻苯二胺（OPD） 四甲基联苯胺（TMB）	橙黄色 蓝色	棕色 黄色
碱性磷酸酶（AP）	对硝基苯磷酸酯（P-NPP）	黄色	黄色

（4）主要材料。酶标板、酶标仪；酶标抗体、包被液、样品稀释液、洗涤液、底物溶液、反应终止液及标准阴性、阳性血清等。

（5）主要方法。①间接法，用于测定抗体。将已知抗原吸附在酶标板上（吸附的过程称为载体包被或致敏），然后加入待检血清样品，经一定时间培育，加入酶标抗体（酶标二抗），形成抗原-待检抗体-酶标抗体复合物。加入底物溶液，在酶的催化作用下产生有色物质。样品含抗体越多，出现颜色越快越深。②双抗体法（双抗体夹心 ELISA），用于测定大分子抗原。用已知纯化的特异性抗体致敏酶标板，然后加入待检抗原溶液，经培育，加入酶标抗体，形成抗体-待检抗原-酶标抗体复合物。加入底物溶液，在酶催化下产生有色物质，有色物质的量与抗原含量成正比。样品抗原含量越多，颜色越深。③竞争法，主要用于测定小分子抗原和半抗原。用已知特异性抗体将酶标板致敏，加入待检抗原和一定量的酶标记抗原共同培育，两者竞争性地与酶标板上的限量抗体结合，待检溶液中抗原越多，则形成的非标记复合物就多，酶标记复合物就少，有色产物就减少。反之，有色产物多。因此，底物显色程度与待检抗原含量成反比。该方法阳性对照组仅加酶标记抗原。

2. 荧光标记抗体技术

荧光标记抗体技术又称免疫荧光技术（IFT），是在免疫学、生物化学和显微镜技术基础上建立的诊断方法，主要用于抗原的定位、定性。该技术的主要特点是特异性强、敏感性高、检测速度快。

荧光抗体技术是将不影响抗原抗体特异性反应的荧光色素标记在抗体分子上，当荧光标记的抗体与相应抗原结合后，在荧光显微镜下可观察到特异性荧光，以此得到诊断。生产中应用最广的荧光色素是异硫氰酸荧光素（FITC），在荧光显微镜下呈现明亮的黄绿色荧光。另外，有四乙基罗丹明，呈现明亮的橙色荧光；四甲基异硫氰酸罗丹明，呈现橙红色荧光。

（四）补体结合试验

补体结合反应（CFT）全过程由两个系统构成，有5种成分参与。一个系统为反应系统（溶菌系统），由已知抗原（或抗体）、被检血清（或抗原）、补体组成；另一个系统为指示系统（溶血系统），包括绵羊红细胞、溶血素（即抗绵羊红细胞抗体）、补体。补体常用豚鼠血清。补体没有特异性，只能与抗原-抗体复合物结合并被激活才产生溶血作用。

如果反应系统中抗原、抗体发生特异性结合形成复合物，加入定量补体后就被结合，但这一反应肉眼看不见。加入指示系统，由于缺乏游离补体，则不发生溶血现象，即为补体结合反应阳性。如果反应系统中抗原、抗体是非特异性的，不能形成免疫复合物，补体就游离于反应液中，加入指示系统后，被溶血素-绵羊红细胞形成的复合物结合激活，出现溶血反应，即补体结合反应阴性。

补体结合反应分直接法、间接法、固相法等。最常用的是直接法，如布鲁氏菌病检疫。

二、影响血清学反应的因素

（一）电解质

抗原与抗体发生结合后，在由亲水胶体变为疏水胶体的过程中，须有电解质参与才能进一步使抗原抗体复合物表面失去电荷，水化层破坏，复合物相互靠拢聚集形成大块的凝集或沉淀。若无电解质参加，则不出现可见反应。为了促使沉淀物或凝集物的形成，常用0.85%~0.9%（人、畜）或8%~10%（禽）的氯化钠或各种缓冲液（免疫标记技术）作为抗原和抗体的稀释液或反应液。但电解质的浓度不宜过高，否则会出现盐析现象。

（二）温度

在一定温度范围内，温度越高，抗原、抗体分子运动速度越快，这可以增加其碰撞的机会，加速抗原、抗体结合和反应现象的出现，如凝集和沉淀反应通常在37℃水浴反应（即将试验材料加盖保湿恒温作用）一定时间，以促进反应现象的出现，若用56℃水浴则反应更快。但有的抗原、抗体结合则需长时间在低温下，才能使反应完成得比较充分、彻底，如有的补体结合试验在0~4℃冰箱结合效果更好。

（三）酸碱度

血清学试验要求在一定的pH下进行，常用的pH为6~8，过高或过低，均可使已结合的抗原-抗体复合物重新解离。若pH降至抗原或抗体的等电点时，会发生非特异性的酸凝集，造成假象。

（四）振荡

适当的机械振荡能增加分子或颗粒间的相互碰撞，加速抗原、抗体的结合反应，但强烈的振荡可使抗原-抗体复合物解离。

（五）杂质和异物

试验介质中如有与反应无关的杂质、异物（如蛋白质、类脂质、多糖等物质）存在时，会抑制反应的进行或引起非特异性反应，故每批血清学试验都应设阳性对照和阴性对照试验。

三、变态反应检测技术

变态反应技术是免疫学技术的一个分支，它利用免疫学原理和方法来研究和解决变态反应相关的问题。在动物医学领域，变态反应技术对于变态反应性疾病的诊断、治疗和预防具有重要意义。

（一）基本原理

变态反应也称过敏反应，其实质是异常的免疫反应或病理性的免疫反应。动物患某些传染病后，由于病原微生物或其代谢产物对动物机体不断地刺激，使动物机体致敏。当过敏的机体再次受到同种病原微生物刺激时，则表现出异常高度反应性，这种反应性可以表现在动物体的外部器官或皮肤上。因此，用已知的变应原（引起变态反应的物质，也称过敏原）给动物点眼，皮下、皮内注射，观察是否出现特异性变态反应，进行变态反应诊断。

（二）实际应用

变态反应诊断主要应用于一些慢性传染病的检疫与监测。尤其适合动物群体检疫，畜群净化，是牛结核病、马鼻疽检疫的常规方法。以马鼻疽检疫为例，简要说明变态反应诊断。

马鼻疽检疫，可用鼻疽菌素点眼、眼睑皮内注射或皮下注射，常用鼻疽菌素点眼法。点眼法需进行两次点眼，中间间隔 5~6 d。两次点眼必须点于同一眼，一般点于左眼。每次点眼用鼻疽菌素原液 3~4 滴。在点眼后第 3 h、6 h、9 h 三次观察，判定反应，并尽可能在第 24 h 再检查一次。

最终判定，以两次点眼中反应最强的一次为准。阳性反应者，眼结膜发炎，肿胀明显，并分泌数量不等的脓性眼眵；眼睛无反应或有轻微充血、流泪，则为阴性反应。

- **工具准备**

移液枪、酶标仪、离心机、振荡器、恒温箱、干燥箱、实验动物、显微镜、载玻片。

- **材料准备**

手套、口罩、染色液、消毒液、检测试剂。

- **人员准备**

人员分组，每组 5 人，明确职责分工（表 1-5-2）。

表 1-5-2　任务分配

任务角色	任务内容
组长：	任务：
组员 1：	任务：
组员 2：	任务：
组员 3：	任务：
组员 4：	任务：

任务实施

步骤一：回顾与分析

回顾上节课采集到的病料信息，分析可能的病原体类型及适合的免疫学检查方法。

步骤二：方法选择与试验操作

根据病料特点和实验室条件，选择合适的免疫学检查方法进行实验室检测。按照所选方法的试验步骤和操作规程进行试验操作，记录试验过程和观察结果。

步骤三：结果分析与报告撰写

对试验结果进行统计分析，并结合病料信息和临床表现进行综合判断。撰写试验报告，包括试验目的、方法、步骤、结果和结论等部分，并附上试验数据和分析图表。

任务检测

请扫描二维码 1-5-1 进行答题。

二维码 1-5-1　项目一任务五检测

任务评价

完成表 1-5-3 工作任务完成过程评价。

表 1-5-3　工作任务完成过程评价

班级：		组别：		姓名：	
项目	评价方法	分数	自我评价	小组评价	教师评价
实训态度	服从安排，实训认真，能够在实训中发现问题并提出解决方案	10 分			
安全防护	注重生物安全，防止环境污染，注重人身安全，避免感染	10 分			
凝集试验	能正确进行各种凝集试验的操作	20 分			
沉淀试验	能正确进行沉淀试验的操作	10 分			
酶联免疫吸附试验	能正确进行 ELISA 的操作	20 分			
变态反应	能正确进行结核病变态反应的操作	10 分			
诊断结果	能对实验室检查结果做出诊断分析	10 分			
实训报告	内容完整、准确，书写认真	10 分			
合计		100 分			
自我评价与总结					
教师点评					

项目二 动物检疫的程序

项目导读

本项目主要学习动物产地检疫、屠宰检疫、检疫监督和进出境动物及动物产品检疫的程序和处理以及检疫文书的制作，其中动物产地检疫、屠宰检疫是本项目的重点内容。

通过本项目的学习使学生了解进出境动物及动物产品检疫的实施程序和处理方法；掌握动物产地检疫、屠宰检疫、检疫监督的实施程序和检疫处理方法，会填写动物检疫合格证明、检疫申报单、检疫处理通知书、动物准宰通知书等，具备实施动物生产与流通环节检疫的能力。

知识目标

（1）掌握产地检疫的概念、分类和要求。
（2）掌握产地检疫的程序和检疫结果处理。
（3）掌握宰前检疫的程序、内容和检疫结果处理。
（4）掌握宰后检疫的基本方法和要求。
（5）掌握生猪、牛羊、家禽宰后检疫的程序和操作要点。
（6）掌握运输检疫监督和市场检疫监督的程序和处理方法。

技能目标

（1）会实施动物产地检疫。
（2）会填写动物及动物产品检疫合格证明和检疫处理通知单。
（3）会进行动物宰前的入场验收。
（4）会进行“瘦肉精”的检验。
（5）会进行猪、牛羊的宰后检疫。
（6）会实施动物运输过程中的检疫监督。
（7）会实施农贸市场活体动物的检疫监督和肉类检疫监督。

素质目标

（1）具有爱岗敬业、踏实肯干、不怕脏、不怕累、认真负责的工作态度。
（2）具有生物安全和人兽共患病的防护意识。
（3）具备良好的沟通能力和团队协作精神。
（4）具有善于分析问题、总结问题和解决问题的能力。
（5）具备依法实施检疫与处理的能力与意识。

思政目标

（1）培育学生学农爱农、知农为农、强农兴农的情怀。
（2）弘扬“用心去做”“用爱去做”“用技术去做”的工匠精神。
（3）培养学生的安全意识，在接触动物时做好人兽共患病的安全防护。
（4）增强学生法律意识、防疫意识、职业使命感。

任务一　产地检疫的程序

任务导入

随着畜牧业的快速发展，动物及其产品的流通日益频繁。为保障动物健康和公共卫生安全，防止动物疫病的传播，对活猪进行检疫成为必要环节。本次任务以货主小李购买的235头活猪，货车司机老王负责运输，计划从青海省西宁市大通回族土族自治县桥头镇南门滩村运往甘肃省张掖市加工销售为背景，请学生介绍动物及其产品检疫的程序和要求并结合本任务知识制作一份详细的检疫流程。

任务准备

- **知识准备**

一、产地检疫的概念、意义

（一）产地检疫的概念

产地检疫是指动物及动物产品在离开饲养地或生产地之前进行的检疫，即到饲养场、饲养户或指定的地点检疫。产地检疫的目的是及时发现染疫动物、染疫动物产品及病死动物，将其控制在原产地，并在原产地安全处理，防止进入流通环节。

（二）产地检疫的意义

（1）产地检疫的实施是落实预防为主的方针，防止患病动物、动物产品进入流通环节的关键，通过产地检疫，在动物生产饲养阶段及进入流通环节前，能及时发现病原，并及时采取措施，消灭传染源，切断传播途径，从而有效地防止病原扩散传播。

（2）加强产地检疫工作，可以防止疫病进入交易市场，减轻流通领域内检疫时间紧、工作量大的压力，减少误检漏检率，提高检疫的正确性，也减轻了对外贸易、运输和市场检疫监督的压力。

（3）通过查验免疫档案和动物免疫标识，可以充分调动畜（货）主依法防疫的积极性，促进基层动物免疫接种工作，提高动物生产、加工、经营人员的防疫检疫意识，实现防检结合，以检促防。

由此可见，产地检疫是预防、控制和扑灭动物疫病的治本措施，是整个动物检疫工作的基础，应把产地检疫工作作为动物防疫工作的重点，常抓不懈，抓紧抓实。

二、动物售前产地检疫

（一）检疫的程序

动物售前产地检疫的程序如图 2-1-1 所示。

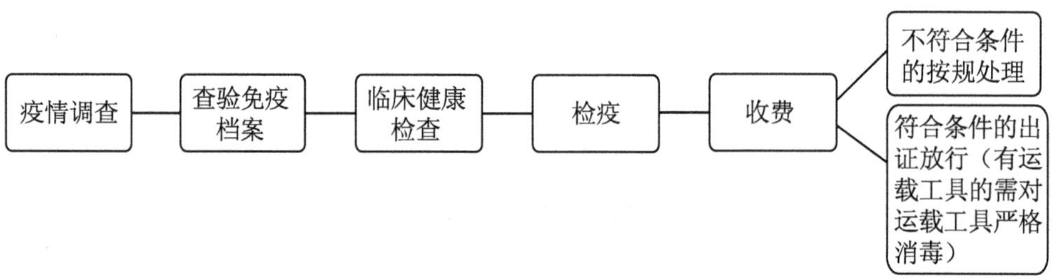

图 2-1-1 动物售前产地检疫程序

（二）检疫的内容

1. 疫情调查

官方兽医通过询问有关人员（畜主、饲养管理人员、防疫员等）和对检疫现场的实际观察，了解当地疫情及邻近地疫情动态，确定被检动物是否处在非疫区或来自非疫区，即被检动物是否处在或来自发生传染病的村、村以外的地区。

2. 查验免疫档案

官方兽医向有关人员查验动物免疫证明或查验动物免疫标识、检疫印章。检查动物养殖场或养殖户，对国家规定或地方规定必须强制免疫的疫病是否进行了免疫；动物是否处在免疫保护期内。如国家强制免疫的猪瘟、鸡新城疫等动物疫病；奶牛场每年 3—4 月必须进行无毒炭疽芽孢苗的注射，且密度不得低于 95%。某些地方强制免疫的猪丹毒、猪肺疫、羊痘等疫病，如果未按规定进行免疫，或虽然免疫但已不在免疫保护期内，要以合格疫苗再次接种。

各种疫苗的免疫保护期不同，官方兽医必须熟悉，如猪瘟兔化弱毒冻干苗，注射后 4 d 就可产生免疫力，免疫期 1.5 年；而猪瘟、猪丹毒、猪肺疫三联冻干苗注射后 2~3 周产生免疫力，免疫期 6 个月；无毒炭疽芽孢苗注射后 14 d 产生免疫力，免疫期为 1 年。

3. 临床健康检查

官方兽医对被检动物进行临床检查，确定动物是否健康。对即将屠宰的动物进行临床观察；对种用、乳用、实验动物及役用动物除临床检查外，按检疫要求进行特定项目的实验室检验，如奶牛结核病变态反应检查等。

4. 检疫收费

官方兽医按相关规定收费。

5. 出具检疫证明

动物售前经检疫符合出证条件的，官方兽医出具检疫证明。

6. 运载工具消毒

运载动物的车辆、装载用具，官方兽医要监督货主或承运人在装货前或卸货后进行清扫、冲刷、消毒。对污染场地进行装前或卸后消毒。

关于动物产品的售前检疫，因产品种类不同其检疫内容有区别。肉品按肉品卫生检验的内容进行检验。骨、蹄、角应检查是否经过外包装消毒。骨是否带有未剔除干净的残肉、结缔组织等，是否有异臭。皮毛是否经过氧乙酸、环氧乙烷消毒或是否经炭疽沉淀试验。种蛋、精液要了解种畜禽场防疫状况和供体健康状况，种蛋出场前是否经福尔马林、高锰酸钾等消毒，精液是否进行品质检查。但不论何种动物产品，都应首先确定是否在非疫区。动物产品经检疫符合出证条件的出具检疫证明，在胴体上加盖明显的验讫标志。

（三）产地检疫结果合格的处理

被检动物来自非疫区、临床检查健康、免疫在有效期内、规定的实验室检验项目结果为阴性的，且按规定佩戴动物免疫标识，由官方兽医出具动物检疫合格证明放行。

（四）产地检疫结果不合格的处理

1. 疫情报告

经检疫不合格的不予出证。发现疑似重大动物疫情时，按照《动物疫情报告管理办法》的规定报告。

2. 生物安全处理

经检疫不合格的按照《病死及病害动物无害化处理技术规范》（农医发〔2017〕25 号）的规定处理。对污染场地、用具实行严格消毒。

三、产地检疫的出证

根据《中华人民共和国动物防疫法》《动物检疫管理办法》等的规定，农业农村部统一设计了动物卫生监督证章标志样式。

（一）填写和使用基本要求

（1）动物卫生监督证章标志的出具机构及人员必须是依法享有出证职权者，并经签字盖章方为有效。

（2）严格按适用范围出具动物卫生证章标志，混用无效。

（3）动物卫生监督证章标志涂改无效。

（4）动物卫生监督证章标志所列项目要逐一填写，内容简明准确，字迹清晰。

（5）不得将动物卫生监督证章标志填写不规范的责任转嫁给合法持证人。

（6）动物卫生监督证章标志用蓝色或黑色钢笔、签字笔填写，或电子打印。

（二）产地检疫的出证条件

1. 动物须具备的条件

（1）被检动物在非疫区。

（2）动物免疫接种在有效期内。

（3）动物临床检查健康，需要做实验室检验的经检验结果为阴性。

2. 动物产品须具备的条件

（1）被检动物产品在非疫区。

（2）肉类经检验合格、肉尸上加盖合格的验讫印章或加封检疫标志。

（3）骨、蹄、角经外包装消毒。

（4）种蛋、精液的供体健康，种蛋出场前已经熏蒸消毒。

（5）皮毛进行炭疽沉淀反应呈阴性或经环氧乙烷、过氧乙酸消毒合格。

（三）检疫证明的适用范围、有效期

在检疫证明中需递交的表单，根据动物的品种，有《动物检疫合格证明（动物A）》《动物检疫合格证明（动物B）》两种。该表单的适用范围及填写规范请扫描二维码2-1-1获取文档进行了解。

（四）把好跨省引进乳用、种用动物检疫审批关

若需跨省引进乳用、种用动物，填写《跨省引进乳用种用动物检疫审批表》，审批表填写和应用规范请扫描二维码2-1-1进行了解。

二维码2-1-1　产地检疫相关表单汇总

- **人员准备**

人员分组，每组 5 人，明确职责分工（表 2-1-1）。

表 2-1-1　任务分配

任务角色	任务内容
组长：	任务：
组员 1：	任务：
组员 2：	任务：
组员 3：	任务：
组员 4：	任务：

任务实施

根据任务背景，对猪的检疫程序进行模拟，并形成一份详细的检疫报告，理解动物检疫的重要性和基本程序并思考如何在实际操作中确保检疫的准确性和有效性。

步骤一：检疫前准备

检疫申请、运输车辆检查、动物健康检查。

步骤二：检疫程序

装载前检疫、运输途中监管、目的地检疫。

步骤三：检疫要求

检疫人员要求、检疫设备要求、检疫记录要求。

步骤四：检疫结果处理

合格处理、不合格处理。

任务检测

请扫描二维码 2-1-2 进行答题。

二维码 2-1-2　项目二任务一检测

任务评价

完成表 2-1-2 工作任务完成过程评价。

表 2-1-2　工作任务完成过程评价

班级：		组别：	姓名：		
项目	评价方法	分数	自我评价	小组评价	教师评价
实训态度	服从安排，实训认真，能够在实训中发现问题并提出解决方案	10 分			
安全防护	注重生物安全，防止环境污染，注重人身安全，避免感染	10 分			
动物售前产地检疫程序	能按照程序进行售前产地检疫	30 分			
结果处理	能按检疫结果进行合理处理	10 分			
检疫证明	能有效出具动物检疫证明	30 分			
实训报告	内容完整、准确，书写认真	10 分			
合计		100 分			
自我评价与总结					
教师点评					

知识拓展

扫描二维码 2-1-3 了解更多产地检疫相关规程。

二维码 2-1-3　产地检疫规程

任务二　屠宰检疫

任务导入

屠宰检疫是对被宰动物所进行的宰前检疫和在屠宰过程中所进行的同步检疫。其中，宰前检疫是对待宰动物进行活体检查；屠宰的同步检疫是在屠宰过程中，对其胴体、头、蹄、脏器、淋巴结、油脂及其他应检疫部位按规定的程序和标准实施的检疫。

本次任务将模拟一头育肥猪从养殖场到餐桌的全过程，详细解析其在不同环节所需要的检疫步骤，要求学生结合任务知识，拟定一套完整的检疫流程。

任务准备

• 知识准备

一、宰前检疫

（一）宰前检疫的程序

宰前检疫的程序如图 2-2-1 所示。

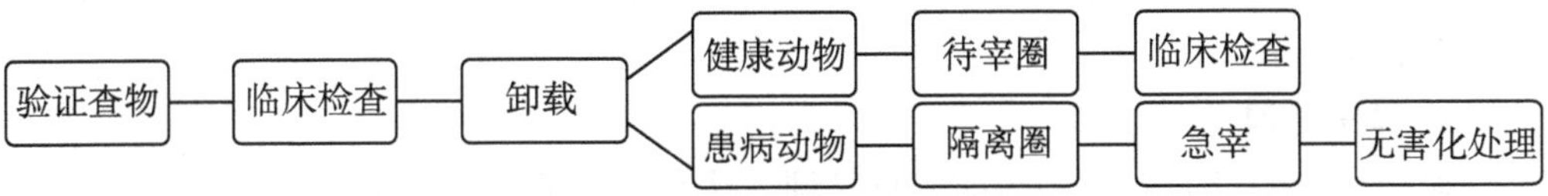

图 2-2-1　宰前检疫程序

（二）宰前检疫的内容和方法

1. 验证查物

动物到达屠宰场后，在没有卸离运载工具之前，驻场官方兽医查验动物检疫合格证明。验证的同时核对动物种类、数量，询问运输途中的患病、死亡情况，观察动物表现，一切正常方可卸载。

2. 临床检查

动物宰前临床检查分两个时段，一是在卸载之前，二是在待宰期间。待宰期间在每天下午应进行检查，以对屠宰的动物做到心中有数。

3. 检疫结果登记

对宰前检疫的动物种类、产地、数量和疾病、健康情况及处理措施应有详尽的登记，以便查对和了解产地疫情。

（三）宰前检疫管理

1. 入场检疫

（1）查证验物。官方兽医向运输动物的人员索取动物卫生监督机构签发的检疫合格证明，并临车观察动物运载数量和健康状态。检疫合格证明有效，运载动物数量证物相符，动物健康、精神状态无异常时，准予入场卸载。

（2）病健分群。卸载过程中，官方兽医要认真观察动物的外貌、运动姿态、精神状况等，如发现异常，立即剔出隔离，待验收后进行详细检查和处理。待宰动物，应当按不同产地、不同批次分开存放，不可混养。

（3）疫情处理。发现产地有重大疫情发生或发现疑似重大疫病，或在运输的动物发现大量死亡时，运输的动物不得入场，立即报告动物卫生监督机构，并进行详细的临床检查和实验室诊断。待确诊后，按有关法律、法规规定进行防疫消毒和无害化处理。

（4）违规行为的处理。发现运输的动物无检疫证明，检疫合格证明无效或证物不符的，应立即报告动物卫生监督机构立案查处。对运输的动物进行健康检查。全部健康时准予卸入隔离圈，进行宰前检疫，检疫合格的予以屠宰；发现异常的，不准卸载，在场外进行防疫消毒和其他处理。

2. 宰前休息管理

动物临宰前的生理状况直接影响肉品的质量。动物经过长途运输后，机体一些正常的生理机能受到抑制，机体抵抗力下降，一些细菌乘机侵入血液循环，并转移到肌肉组织和其他脏器。此外，过度疲劳和恐惧，会大量地消耗机体中的糖原贮量，从而影响肉的成熟，降低肉的质量。因此，动物宰前必须得到充分的休息，以保证宰后肉的质量。

3. 停食管理

动物经过 1~2 d 以上的宰前休息管理，达到解除疲劳的目的之后，经官方兽医检查认可，准予送宰。动物在送宰之前，要实施一段时间的停饲管理。按规定，牛、羊应停饲 24 h，猪停饲 24 h，但必须保证充足的饮水，直至宰前 3 h 停止供水。停食管理的意义如下。

（1）饲料从进入胃内到消化要经过一段时间，如牛需 40 h 以上，猪需 24 h。因此，在宰前一定时间内停喂饲料，对动物营养并无影响，而且还能节约饲料。但必须掌握好停喂时间。

（2）有利于提高肉品质量。轻度饥饿可以促进肝糖原分解为乳糖和葡萄糖，并通过血液循环分布全身，从而提高肉的糖原含量，为肉的成熟创造了良好的条件，有利于获得优质的肉品。还可以减少应激综合征的发生。

（3）利于屠宰解体的操作。停饲可使动物胃肠内容物大量减少，有利于摘除胃肠和清理其内容物，减少划破胃肠，污染肉品的机会；保证放血良好，停饲时充分饮水，能冲淡血液，动物肌肉保持足够的水分，便于放血和剥皮操作。

4. 卫生防疫管理

待宰动物在待宰期间应当加强卫生防疫管理，卸入待宰圈后要防止饲养密度过高，及时清除粪便，保持清洁和通风。每日进行 1 次防疫消毒；动物饮用水应符合卫生标准。此外，还应要求货主采取措施，保护动物在运输途中的安全，装载不得拥挤，为待宰动物提供必要的空间，防止挤压致死。

（四）宰前检疫的目的、意义

宰前检疫即动物在屠宰前的活体检疫。宰前检疫是屠宰检疫的重要组成部分。

1. 宰前检疫的目的

宰前检疫的主要目的是发现患病动物和伤残动物，使患病和健康的动物隔离，达到患病和健康的动物分宰，减轻肉品污染，提高肉品卫生质量，降低生产成本，增加经济效益。

2. 宰前检疫的意义

通过宰前检疫，将一些临床症状和体温反应明显的患病动物及时查出，做到早发现，早处理，防止疫病扩散。尤其对临床症状明显而宰后难以发现的人兽共患病，如狂犬病、破伤风等和某些中毒性疾病的检疫具有重要意义。因此，宰前检疫可以弥补宰后检疫的不足，减轻宰后检疫的压力，对保证肉品卫生质量起着重要的把关作用。同时，通过宰前验证，促进动物产地检疫。防止无证收购、无证宰杀。宰前必须检疫，必须真正达到患病和健康的动物分宰。

（五）宰前检疫后的处理

（1）经宰前检疫待宰动物检疫证明有效，免疫耳标有效，证物相符，临诊检查健康，官方兽医应出具准宰通知书，准予屠宰。

（2）无检疫合格证明的，则实施补检和补消毒；检疫合格证明过期失效或证物不相符的，则实施重检，补消毒。

（3）持伪造、涂改和转让无效的检疫合格证明的，除实施补检、补消毒外，还须按《中华人民共和国动物防疫法》第五十一条规定处理。

（4）宰前检疫发现一类动物疫病及确诊为野兔热的家兔时，患病动物和疑似患病动物应采取不放血的方法扑杀，作销毁处理。同群动物用密闭运输工具运到动物卫生监督机构指定的地点，用不放血方法全部扑杀、销毁，动物停留处和屠宰场所实行严格消毒，并立即向当地畜牧官方兽医行政管理部门报告疫情。

（5）经宰前检疫发现狂犬病、炭疽、布鲁氏菌病、马鼻疽、弓形虫病、结核病等患病动物和疑似患病动物时，按规定销毁处理。同群畜体温正常者予以急宰，胴体、内脏高温处理。患病动物存放处和屠宰场所实行严密消毒，并立即向当地畜牧官方兽医行政管理部门报告疫情。

（6）对患有一般传染病，无碍肉食品卫生的动物，实行急宰（是指为了防止传染或免于自然死亡而强制进行紧急宰杀），除剔除病变部分销毁外，其余部分按规定的高温处理。凡判为急宰的动物，均应将其宰前检疫报告单及时通知官方兽医，以提供对同群动物检验的综合判定处理。

（7）经检疫患有一般传染病或普通病、有饲养肥育价值，且有治愈希望的牲畜，应予以缓宰。

二、宰后检疫

宰后检疫是指动物在放血解体的情况下，直接检查肉尸、内脏，对肉尸、内脏所呈现的病理变化和异常现象进行综合判断，得出检验结论。宰后检疫包括对动物疫病的检查和肉品品质检查两大方面。肉品检验内容包括对传染性疾病和寄生虫以外的疾病的检查，对有害腺体摘除情况的检查，对屠宰加工质量的检查，对注水或注入其他物质的检查，对有害物质的检查以及检查是否是种公、母畜或晚阉畜肉。

（一）宰后检疫的目的、意义

1. 宰后检疫的目的

宰后检疫的主要目的是发现被屠宰加工的染疫动物，剔除病害肉尸，使人们吃上“放心肉”。同时宰后检疫可根据肉尸、内脏的整体状态，对肉品的品质进行全面检查，对肉品的食用价值进行科学评价。

2. 宰后检疫的意义

宰后检疫是宰前检疫的继续和补充。通过宰后检疫，使整个屠宰检疫工作完善，避免患病动物漏检。这对许多临床症状不明显，在宰前难以发现的疫病，如猪囊尾蚴病、旋毛虫病等的检疫意义重大。而且，宰后肉尸、内脏暴露，使检疫更具直观性，判断更具准确性。因此，只有切实搞好宰后检疫，才能确保肉品安全卫生，才能从真正意义上切断某些人畜共患疫病的传播途径，杜绝或防止人畜共患疫病的发生，防止食物中毒，减少消费损失，保障人民身体健康。

（二）淋巴系统在肉检中的作用

淋巴结是动物机体内重要的外周免疫器官，分布广泛，浅层淋巴结分布于皮下，可用手触摸到。深部淋巴结多分布于大血管附近，并且多在血管的分叉处。内脏淋巴结多分布于内脏的门静脉附近。机体各器官和组织的淋巴液，一般都是由淋巴管汇集输入到附近的淋巴结。当机体某器官或局部发生病变时，细菌、病毒等往往不易侵入血管，而是首先进入管壁薄、通透性大的淋巴管，进而随淋巴液流向附近淋巴结。淋巴结受到病原刺激后，其中的免疫活性细胞（如巨噬细胞、T 淋巴细胞、B 淋巴细胞）活化，迅速繁殖，发挥阻截、吞噬、消灭病原的强大作用。在这一免疫反应过程中，淋巴结会发生肿大及其他各种病理变化。病原体致病力强弱不同，淋巴结的变化不同。宰后剖检淋巴结，根据淋巴结的病理变化，推断病原体的种类、对机体的危害程度和疾病的性质，以得出正确的检疫结论。所以，剖检淋巴结是宰后检疫的重要环节，也是宰后检疫的必检内容。

（三）淋巴结的剖检

1. 肉尸中淋巴结的正常颜色、形态及大小

由于屠宰放血，淋巴结多呈灰白色或灰黄色，以豆形多见。其大小因动物种类不同有差异：牛的淋巴结较大，猪次之，马属动物及羊的较小，即便同一动物不同部位的淋巴结亦有大小差别。鸡、兔淋巴结数量少、小，故宰后不剖检淋巴结。

2. 淋巴结的异常变化

多指淋巴结脂肪沉着和炭末沉着。前者多见于过于肥大的猪和长期饲喂含脂肪过多饲料的猪，肠系膜淋巴结呈黄白色，触摸时有滑腻感，切开切面发黄。后者多见于工业区和矿区的猪，肺门淋巴结外观和切面变黑。

3. 淋巴结常见的病理变化

淋巴结常见的病理变化如表 2-2-1 所示。

表 2-2-1　淋巴结常见的病理变化

病变类型	主要特征	突出特点	示例疾病
水肿	外观肿大，触之松软，切面苍白隆起，流出透明淋巴液	单纯性水肿	外伤
充血	稍肿大，切面潮红，按压出血	炎症初期	一般炎症
浆液性淋巴结炎	肿大柔软，切面湿润多汁，流出淡红黄色液体	急性传染病初期	急性传染病初期
出血性淋巴结炎	肿大呈暗红色，切面大理石样花纹	浆液性淋巴结炎发展而来	炭疽、猪肺疫、猪丹毒、猪瘟
化脓性淋巴结炎	肿大，表面或切面有黄白色化脓灶	继发于化脓性炎症	马腺疫、马鼻疽
慢性淋巴结炎（细胞增生型）	肿大变硬，切面灰白脑髓样	髓样变	猪副伤寒
慢性淋巴结炎（肉芽组织增生型）	肿大坚硬，切面灰白，可见干酪样结节	特殊肉芽组织增生	结核病、副结核病、鼻疽、布鲁氏菌病
慢性淋巴结炎（结缔组织增生型）	不肿大或缩小，坚硬，切面见增生结缔组织	结缔组织增生	多种慢性感染

（四）宰后检疫的基本方法

宰后检疫以感官检验为主，必要时辅以实验室检查，如可疑炭疽时，必须涂片镜检或进行血清学试验，才能确定。

感官检验包括视检、剖检、触检及嗅检，以视检和剖检为主，详见表 2-2-2。

表 2-2-2　感官检验方法分类

检查方法	描述	突出特点
视检	肉眼观察肉尸皮肤、肌肉、胸腹膜、脂肪及各种脏器浅表暴露部分的形态、颜色、大小	快速、直接，适用于表面病变检查
剖检	使用检验工具剖开肉尸或内脏，观察深层组织变化	深入检查，能发现深层或内部病变
触检	用手触摸或触压肉尸、内脏，判断组织弹性和软硬度，检查结节和肿块	直接感知组织状态，适用于检查结节和肿块
嗅检	使用嗅觉检查肉尸、脏器有无异常气味	适用于检测气味异常，如农药中毒、尿中毒等
摘除“三腺”	摘除甲状腺、肾上腺和病变淋巴结	防止内分泌激素和病原微生物引起食物中毒

在宰后检疫器械使用上，一般检疫用工具有检疫刀、检疫钩和挫棒等。检疫刀用于切割检疫肌肉、内脏、淋巴结用；检疫钩用于钩住胴体、肉类和内脏一定部位便于切割。挫棒为磨刀专用。官方兽医上岗时，要随身携带两套检疫工具。

（五）动物宰后检疫程序和操作要点

动物宰后检疫是确保食品安全和公共卫生的重要环节。动物宰后检疫操作要点不仅涉及对动物的细致检查，还需要遵循一系列的标准和流程，详细内容请扫描二维码 2-2-1 进行学习。

二维码 2-2-1　动物宰后检疫程序和操作要点

请扫描二维码 2-2-2 学习猪的宰后检疫技术。

二维码 2-2-2　猪的宰后检疫

（六）宰后检疫的处理方法

1. 合格肉尸

经检疫合格的，在肉尸上加盖动物卫生监督机构通用的长方形滚动肉检验讫印章和商品流通部门使用的圆形肉检验讫印章，内脏等动物产品加封检疫标志。然后由动物卫生监督机构出具动物产品检疫合格证明。

2. 不合格的肉尸

经检疫不合格的，根据疫病的性质，肉尸、内脏病害程度以及肉尸整体状态，加盖有关无害化处理印章或加封标志，并根据《动物屠宰卫生检疫规范》等国家有关规定在官方兽医的监督下进行无害化处理，无法作无害化处理的，予以销毁。

- **工具准备**

检疫刀、检疫钩、挫棒、显微镜等。

- **材料准备**

载玻片、诊断试剂等。

- **人员准备**

人员分组，每组 5 人，明确职责分工（表 2-2-3）。

表 2-2-3　任务分配

任务角色	任务内容
组长：	任务：
组员 1：	任务：
组员 2：	任务：
组员 3：	任务：
组员 4：	任务：

任务实施

步骤一：头部检疫

在放完血但尚未剥皮时，首先需要解剖牛的咽部，观察咽后内侧及舌根侧方的颌下淋巴结，检查咽喉黏膜和扁桃体，看是否有炭疽、结核和牛出血性败血症等症状。

步骤二：胴体检疫

在放血后，通过胴体检查，观察胴体的色泽，并对皮肤、皮下组织、肌肉、脂肪、胸腹膜进行仔细检查，看是否有出血情况。同时，对皮下和肌肉水肿进行观察，看是否正常。此外，对于一些淋巴进行剖检，重点检查充血、出血、水肿、坏死等情况，同时要摘除（病变）淋巴结。

步骤三：内脏检疫

对牛的胸腔及腹腔内的器官组织进行检查，若有病变和寄生虫的内脏器官应进行无害化或销毁处理。

步骤四：蹄部检疫

主要观察蹄冠及蹄丫皮肤有无水疱、溃烂等情况。

任务检测

请扫描二维码 2-2-3 进行答题。

二维码 2-2-3　项目二任务二检测

任务评价

完成表 2-2-4 工作任务完成过程评价。

表 2-2-4 工作任务完成过程评价

班级：		组别：		姓名：	
项目	评价方法	分数	自我评价	小组评价	教师评价
实训态度	服从安排，积极主动，操作认真	10 分			
安全防护	注重生物安全，防止疫情扩散，做好个人防护	10 分			
颌下淋巴结的剖检	操作刀式准确，检疫对象明确	20 分			
脾检查	表述准确、全面，检疫对象明确	20 分			
肺检查	表述准确、全面，支气管淋巴结剖检准确	20 分			
腹股沟浅淋巴结剖检	操作刀式准确，表述明确	10 分			
实训报告	目标明确、内容全面，表述准确	10 分			
合计		100 分			
自我评价与总结					
教师点评					

知识拓展

请扫描二维码 2-2-4 了解更多动物屠宰检疫规程。

二维码 2-2-4 屠宰检疫规程

任务三 运输防疫监督

任务导入

随着养殖场的经营规模逐渐扩大，余某决定从外省份的养殖场引进一批西门塔尔肉牛，以丰富养殖品种和提升市场竞争力。在引进过程中，余某深知动物检疫的重要性，因此已经按照规定，完成了当地动物卫生监督所的相关检疫申报和检疫审批工作，并取得了相应的检疫证明。然而，在运输这批肉牛的过程中，余某选择了通过公路检查站而不进行再次检疫的方式，直接将肉牛运输到了本地养殖场。

请学生根据所学知识和对动物检疫流程的理解，判断余某通过公路检查站而不进行检疫直接运输到本地养殖场的做法是否正确。如果余某的做法存在不当之处，请学生结合所学知识，拟定一套完整且符合动物检疫要求的运输检疫程序，确保西门塔尔肉牛的引进过程合法合规。

任务准备

- **知识准备**

一、运输防疫监督的概念、类型和意义

（一）运输防疫监督的概念

运输防疫监督是指出县境的动物、动物产品在运输过程中进行的防疫监督。运输防疫监督的目的是防止动物疫病远距离跨地区传播，减少途中患病和死亡。

（二）运输防疫监督的意义

由于产地的分散性经营，动物、动物产品一般是汇集到一定数量才运往加工基地或养殖基地或仓库。活动物在此过程中，由于相互接触，感染疫病的机会增多。由于生活环境突然改变，受许多不良因素刺激，如挤压、驱赶等，抗病能力下降，极易暴发疫病。另外，随着交通运输业的发展，直达运输成为动物、动物产品主要的运输方式，这样做虽然缩短了在途时间，减少途中损耗，但也使疫病传播速度相应加快。因此，搞好运输防疫监督，及时查出未经检疫或检疫不合格的动物、动物产品以及违法贩运的动物尸体，对防止动物疫病远距离传播起到重要的把关作用，并监督和促进产地检疫工作的开展，为市场检疫监督奠定良好的基础。

二、运输防疫监督的分类要求

（一）运输防疫监督的分类

运输防疫监督根据运输方式不同可分为铁路运输防疫监督、公路运输防疫监督、航空运输防疫监督、水路运输防疫监督及赶运等。

（二）对运输防疫监督的要求

对运输防疫监督的要求指对托运人、承运人以及动物卫生监督机构的要求。

1. 运输动物、动物产品要提出申请

需要出县境运输动物、动物产品的单位或个人，应向当地动物卫生监督机构提出申请，说明运输目的地和运输动物种类等情况。动物卫生监督机构要根据国内疫情或目的地疫情做出答复。准许运输的，由当地县级动物卫生监督机构进行检疫，出具证明。

2. 凭检疫证明运输

经铁路、公路、航空等运输途径运输动物、动物产品时，托运人必须持有效期

内的检疫证明，承运人必须凭检疫证明承运。动物卫生监督机构对动物、动物产品的运输，依法进行监督检查。

对中转出境的动物、动物产品，承运人凭始发地动物卫生监督机构出具的检疫证明承运。

3. 加强运途管理

运输途中不准宰杀、销售染疫动物和病死动物以及死因不明的动物。患病和死亡动物及其粪便、垫料和其他污物要在指定站或目的站卸下，在官方兽医的监督下进行无害化处理。

4. 运载工具要消毒

装载动物、动物产品的运载工具、饲养用具、包装物在装前卸后要进行清扫、洗刷和消毒。清除的垫草、粪便、污物要进行无害化处理。批量运输的禽蛋亦要进行消毒。

5. 赶运动物时的要求

赶运是活体畜禽特殊的运输方式，在农村和牧区多见，由于不涉及运载工具，往往忽视其检疫。赶运动物必须报检，接受当地动物卫生监督机构检疫。

三、运输防疫监督注意事项

（一）防止违法运输

动物卫生监督机构与运输部门应密切配合，制定制度，向托运人、承运人，特别是一些常年托运动物、动物产品的托运人宣传《中华人民共和国动物防疫法》，并采取联合检查行动，严防疫区动物、动物产品和私屠乱宰的动物产品运输。除此，加大检疫执法力度，严防贩运动物尸体。

（二）赶运动物注意事项

由于赶运的动物易与沿途动物直接接触，造成疫病传播。首先要选好赶运路线，如避开疫区，避开公路，尽量避免与当地动物接触。途中病、死动物不能随意丢弃。当发现动物有异常时，及时与沿途动物卫生监督机构取得联系，进行妥善处理。

（三）合理运输

动物、动物产品运输不同于其他物资，活动物易掉膘死亡，肉类易腐败变质，禽蛋易碎。这样不仅给经营者造成损失，且会直接或间接引发疾病，造成环境污染。因此，运输动物、动物产品时要结合实际，选择合理的运载工具和运输线路，采用科学的装载方法和管理方法，减少途中患病和死亡，方便运输防疫监督，使整个运输过程符合卫生防疫要求。

四、种用动物的运输防疫监督

种用动物运输防疫监督程序一般包括运前检疫、运输时的检疫、到达目的地后的检疫三个环节。

（一）种用动物起运前的检疫

起运前检疫的目的是确定种用动物是否患有检疫疾病，是否处在非疫区。

1. 检疫时间和地点

国内异地引进种用动物时，于起运前 15~30 d 在原种动物场或隔离场进行隔离检疫。

2. 检疫内容

（1）了解疫情。了解该种动物场近 6 个月以来的疫情。若发现种用动物患有一类检疫疾病及炭疽、鼻疽、猪密螺旋体痢疾、绵羊梅迪–维斯纳病、兔病毒性出血症时停止调运。

（2）核查免疫状况。通过查验免疫证明或查阅其他资料，核实被检种用动物是否按规定进行免疫，是否免疫合格。

（3）临床检查和实验室检验。应做临床检查和实验室检查的疫病即种用动物的检疫疾病。根据产地实际，可以增减检疫对象。

临床检查是对全部准备调运的动物进行群体和个体检查。

实验室检验是对全部准备调运的动物进行某些疫病特异性项目的检验，如奶牛结核病变态反应检查、布鲁氏菌病凝集反应检查、马传染性贫血琼脂扩散试验、鸡白痢全血平板凝集反应等。

3. 检疫标准

种用动物临床检查应达到的标准是没有患检疫对象，且临床检查健康。实验室检验应达到的标准即某些项目实验室检验结果呈阴性。通过临床检查和实验室检查，凡健康的动物出具检疫证明，准予起运。

（二）种用动物运输时的检疫

1. 装运时的检疫

（1）运载工具消毒。装运种用动物的运载工具及饲养用具等，装运前进行清扫、洗刷，由当地防疫监督机构实施装运前消毒。

（2）验证查物、签章。动物在装运时，须经派驻在铁路、公路、航空等运输部门的动物卫生监督机构人员查验《动物检疫合格证明》，并对即将装运的动物抽检即验证查物。未发现异常时，官方兽医在证明上签字，并加盖动物卫生监督机构或其派驻机构专用印章，准予运输。

2. 运输途中的检疫

（1）及时发现病、死动物。运输途中押运人员要经常观察动物表现，当发现病、死动物或有其他异常时，及时与当地动物卫生监督机构联系，妥善处理。

（2）草料的添加。运输途中草料和其他物资的添加，要符合防疫要求。

（三）种用动物到达目的地后的检疫

1. 验证查物

种用动物经运输到达目的地后，在未卸离运载工具前，目的地官方兽医验证查物，了解途中患病和死亡情况，未发现异常时，准予卸离运载工具，并对运载工具进行卸后消毒。

2. 隔离检疫

种用动物入场后须进行 15~30 d 的隔离，在隔离期间实施临床检查和必要的实验室检验，确认为动物健康，方可供繁殖、生产使用。

- **人员准备**

人员分组，每组 5 人，明确职责分工（表 2-3-1）。

表 2-3-1 任务分配

任务角色	任务内容
组长：	任务：
组员 1：	任务：
组员 2：	任务：
组员 3：	任务：
组员 4：	任务：

任务实施

步骤一：前期准备

了解检疫要求、选择合格供应商、签订检疫协议。

步骤二：检疫申报

提交检疫申请、审核检疫申请。

步骤三：检疫审批

现场检疫、检疫审批。

步骤四：运输检疫

运输前准备、运输过程监督、到达后检疫。

步骤五：后续管理

隔离观察、健康监测、记录保存。

任务检测

请扫描二维码 2-3-1 进行答题。

二维码 2-3-1 项目一任务三检测

任务评价

完成表 2-3-2 工作任务完成过程评价。

表 2-3-2　工作任务完成过程评价

班级：		组别：	姓名：		
项目	评价方法	分数	自我评价	小组评价	教师评价
训练态度	服从安排，积极主动，认真负责	10 分			
安全防护	注重生物安全，防止疫情扩散，做好个人防护	10 分			
法律意识	熟悉相关法律知识	10 分			
检疫申报单的填写	内容正确	15 分			
检疫审批单的填写	内容正确	15 分			
运输检疫程序	熟练掌握检疫程序	40 分			
合计		100 分			
自我评价与总结					
教师点评					

任务四　市场检疫监督

任务导入

近期，老李从外省份养殖场引进了一批仔猪，并计划在本地市场进行销售。然而，在销售过程中，有人发现这批仔猪并未履行相关的检疫手续。这一做法引起了广泛关注和讨论。

请学生根据所学知识和对动物检疫流程的理解，判断老李未履行检疫手续就引进并销售仔猪的行为是否正确。如果该行为存在不当之处，请学生结合所学知识，拟定一套完整且符合动物检疫要求的市场检疫程序，确保仔猪在引进和销售的过程中合法合规。

任务准备

- **知识准备**

一、市场检疫监督的概念与意义

(一) 市场检疫监督的概念

市场检疫监督是指进入市场的动物、动物产品在交易过程中进行的检疫。市场检疫监督的目的是发现依法应当检疫而未经检疫或检疫不合格的动物、动物产品，发现患病动物和病害肉尸及其他染疫动物产品。保护人体健康，促进贸易，防止疫病扩散。

(二) 市场检疫监督的意义

市场是动物、动物产品集散的地方，当来自四面八方的动物集中在一起的时候，相互接触，易引起交叉感染。而当动物撤离时，又会造成病原的扩散，引起动物疫病的发生和流行。

市场是一种多渠道经营场所，货源复杂。尤其是鲜肉类，有的经过严格的屠宰检疫检验；有的未经过任何检查；也有些业主或商贩非法收购患病和死亡动物，剥皮分割肉尸后上市出售。而且各地的市场设备、管理、环境条件差异较大，有些市场设备条件好，能满足检疫需要；有些市场条件简陋，管理不善。因此，搞好市场检疫监督，能有效地防止未经检疫检验的动物、动物产品和患病动物、病害肉尸上市交易，净化市场，形成良好的交易环境，使市场管理更加规范化、法制化。搞好市场检疫监督能促进产地、屠宰、运输防疫监督工作的开展，使产地、屠宰、运输和市场检疫监督环环相扣，最终达到保障人民身体健康，促进畜牧业经济发展的目的。

二、市场肉类卫生监督的程序和要点

依据《中华人民共和国动物防疫法》，对市场肉类的卫生检验程序如下。

(一) 索验证件

证件是说明经营者的身份和肉类是否符合国家的法规规定的凭证。依照我国当前农贸集市管理规定，销售肉类摊点必须持有“四证”，即“营业执照”“食品卫生许可证”“健康检查合格证”和“动物防疫合格证”。若是出售肉联厂的胴体猪肉，则要查看出具证明时间。

(二) 被检肉的条件

上市的肉必须经过集中检验，包括连带头、蹄、内脏。肉类或分割包装肉来自

定点的肉联厂，需要明示政府批准肉联厂的挂牌，并应具有“动物防疫合格证”等其他相关的证照。

（三）询问疫情

调查询问动物产品的产地疫情、宰前健康状况、贮存运输办法、宰杀时间、屠宰点的卫生条件和设备等。

（四）胴体检验

1. 胴体视检

凡胴体上已盖有“兽医验讫”印鉴时，要检验是否与证明日期相符，然后再根据查验情况做出相应处理。凡证物不符、印章不清、没有检验刀痕者均一律按未检验肉处理。

检验时首先查看胴体皮肤、皮下脂肪色泽，胸膜、腹膜有无传染病的病理变化。若肌纤维粗且颜色发暗，往往是异常肉的象征。嗅检胴体气味和检查表面的粘手度，以判别是否腐败变质或注水。活宰鸡胴体表有光泽，肌肉切面发光，有弹性，不粘手，具有鲜鸡肉正常气味。鲜牛、羊、兔肉有其特有气味。

2. 杀口状态与放血程度

放血程度是标志动物在屠宰时的血液循环状态。放血良好的肉呈红色，肌间小血管紧缩，切割断面见有小血珠或没有，胸膜、腹膜小血管不显露，脂肪呈白色或黄白色，刀切小口插入滤纸片，插入部仅有轻微浸润。健康猪下颌杀口外翻，刀口处有血污，杀口周围有鲜血浸染。鸡、鹅、鸭除检验杀口有无鲜血浸染外，鸡冠肉髯应呈苍白色，眼球凸出，眼半闭，从食管内不流出黏稠恶臭液体。

3. 头蹄检验

头蹄是鉴定炭疽、传染性水疱病、口蹄疫等的重要检验部位，猪患局部炭疽时颌下淋巴结肿大，切面有粉红色或深红色出血性浸润。猪患传染性水疱病时，传染迅速，不久全群发病。屠宰后在蹄冠、蹄叉、蹄底出现一至数个豆状大小水疱，猪蹄虽经烫毛加工，溃疡面仍清晰可辨。患口蹄疫时，口腔、蹄部出现水疱和烂斑，重者蹄壳脱落。

4. 淋巴结检验

淋巴系统是机体防御屏障，动物一旦有病，淋巴系统首先会出现相应的病理反应。所以在评价肉品卫生质量时，淋巴结的病变是重要依据。

上市猪的胴体应剖检颌下淋巴结（连带头）、颈浅背侧淋巴结、腹股沟浅淋巴结、髂内淋巴结，看这些淋巴结有无水肿、充血和出血、化脓、坏死、粘连、干酪样变化等。

牛、羊胴体应剖检颌下淋巴结、肩前淋巴结、髂下淋巴结、腹股沟浅淋巴结，牛患结核病时腹股沟浅淋巴结可触摸到无热无痛呈粟粒样的硬肿。

上市销售肉尸虽较难寻找到上述淋巴结，但官方兽医要尽可能检验肉尸上残存的淋巴结。

5. 内脏检验

内脏检验指心、肝、肺、脾、胃、肠的检验。在肉联厂要求同步检验，进入集市的肉品应要求和胴体连带，检验时主要观察颜色、大小、形状、质地、弹性是否正常，是否有肿胀、出血、坏死、化脓、肿瘤等病理变化，同时要剖检相关淋巴结有无异常，依据病变综合判别疾病性状。

6. 肾检验

肾脏有多种病理变化，如肾水肿、肾浊肿、肾盂肾炎、肾囊肿、肾盂积尿、肾色素沉着、肾淤血等，但这些在宰前未被发现临床症状，其原因可能是慢性新陈代谢疾病所致，抑或饲料种类不同或长途运输所致的应激性反应。

（五）旋毛虫及囊尾蚴检验

猪旋毛虫病在某些地区发病率较高，猪胴体一旦流入市场，极大地影响人民身体健康。为了确保肉食品卫生质量，对疫区和受威胁区要加强肉食品的卫生检验。猪囊尾蚴肉也是一种严重威胁人体健康的人兽共患寄生虫病肉，市场检验是必须严格执行的检验程序。猪除咬肌外，还应检验膈肌脚、心肌、腰肌和四肢肌肉；牛、羊除检验腰肌和膈肌外，也应剖检咬肌。

（六）实验室检验

在进行市场检验肉类时，出现可疑的异常肉类，感官检验难以判定，又有危害群众健康的可能，则可暂扣相关肉类，采样进行细菌学、血清学或物理化学的实验室检验。

（七）盖印、登记和处理

经过屠宰点检验，市场现场检验判定胴体合格者，从颈部至臀部盖“兽医验讫”印章。盖印时应由官方兽医亲自滚印，不得交货主自盖。对不符合商品质量要求的胴体要责令经营者按规定无害化处理后方可销售，对被检出是恶性传染病的胴体或不符合卫生要求的肉类，要按国家法规有关规定进行处理。

对检验处理结果要登记造册，签署工作人员姓名，以示负责和便于查对，并定时向主管部门呈报。

市场检疫监督内容繁多，不再一一赘述，剩余补充内容可扫描二维码 2-4-1 学习。

二维码 2-4-1　市场检疫监督补充内容

三、肉新鲜度的检验及处理

（一）肉新鲜度的变化

一般情况下，屠宰后肉通常经过僵硬和成熟两个发展阶段，处在新鲜肉的状态；但是，随着时间推移，肉在组织酶和内外微生物的作用中，会发生一系列的生物化学变化，其感官性状、营养价值和食用价值都发生了相应的改变，进一步经过肉的自溶和腐败阶段的发展。

1. 肉的僵硬

肉的僵硬是因为屠宰的动物胴体内部由中性或弱碱性（pH 7.0~7.4）变为酸性（pH 5.4~6.7），肌动蛋白和肌球蛋白形成肌动球蛋白复合体，使肌肉产生永久性收缩，从而失去弹性、伸展性和保水性逐渐变得僵硬。其特征：肉质坚硬、干燥、缺乏弹性，嫩度降低。在加热炖煮时保持较高的硬度，不易咀嚼和消化，尤其是牛肉、马属动物肉和骆驼肉；肉汤较混浊，缺乏风味，食用价值和口感都差。此阶段的肉不宜烹调食用。

2. 肉的成熟

当肉的僵硬达到最大程度后，在适当温度条件下，经过一定时间（通常为12~24 h），肉体开始变得柔嫩多汁、有弹性，风味和适口性大为改善，食用价值提高，这个阶段称为肉的成熟。其特征：肉表面形成一薄层“干膜”（保持肉中水分且不易散发，同时防止微生物等的侵入和在肉表面的繁殖）；肉质鲜嫩、有弹性；切面湿润多汁；烹调时容易煮熟；肉汤澄清，飘着油花，具有肉体固有的香味和滋味；内环境呈弱酸性。

3. 肉的自溶

肉的自溶指肉在酸性环境及较高温度条件下储藏后，肉中组织蛋白分解酶活性增强，使组织蛋白质发生溶解的过程。其特征：肉体松软，缺乏弹性，色暗淡无光泽，切面灰红色或灰绿色，呈强烈的酸性反应，硫化氢反应阳性，氨反应阴性。卫生处理：轻度变色、变味，可将肉切成小块，置于通风处，驱散其不良气味，割掉变色部分后可供食用；当肉具有强烈的异味并严重发黑时不能食用。

4. 肉的腐败

肉的腐败指在微生物大量繁殖作用下，肉中蛋白质及其自溶分解产物进一步分解，形成有毒和不良气味等多种分解产物的生物化学变化过程，同时伴有脂类和糖类分解。其特征：肉体表现为发黏、变色、异味、失去弹性、肉汤混浊且有不良气味等。卫生处理：由于破坏了肉中营养物质，失去色、香、味，腐败分解产物多对人体有害，如酪胺是一种强烈的血管收缩剂，能升高血压；组胺能引起血管扩张；有些腐败微生物（如变形杆菌、腐败梭菌等）及其毒素具有病原性或可导致食物中毒。腐败肉禁止食用，予以废弃。

（二）肉新鲜度的检验

1. 感官检查

是借助人的视觉、触觉、嗅觉、味觉等感觉器官对肉的色泽、性状、组织状态、黏度、气味、弹性、煮沸后肉汤进行检查。官方兽医要求有一定的临床实践经验和工作程序。鲜（冻）畜、禽肉的感官判定标准见表 2-4-1、表 2-4-2。

表 2-4-1　畜肉感官判定标准

项目	鲜畜肉	冻畜肉
色泽	肌肉有光泽，红色均匀，脂肪乳白色	肌肉有光泽，红色或稍暗，脂肪白色
组织状态	纤维清晰，有坚韧性，指压后凹陷立即恢复	肉质紧密，有坚韧性，解冻后指压凹陷立即恢复
黏度	外表湿润，不粘手	外表湿润，切面有渗出液
气味	具有鲜畜肉固有气味，无异味	解冻后具有鲜畜肉固有气味，无异味
煮沸后肉汤	澄清透明，脂肪团聚表面	澄清透明或稍浑浊，脂肪团聚表面

表 2-4-2　禽肉感官判定标准

<table>
<tr><th colspan="2">项目</th><th>鲜禽肉</th><th>冻禽肉（解冻后）</th></tr>
<tr><td colspan="2">组织状态</td><td>肌肉富有弹性，经指压后凹陷部位立即恢复原位</td><td>肌肉经指压后凹陷部位恢复较慢，不易完全恢复原状</td></tr>
<tr><td colspan="2">色泽</td><td colspan="2">表皮和肌肉切面有光泽，具有禽类品种应有的色泽</td></tr>
<tr><td colspan="2">气味</td><td colspan="2">具有禽类品种应有的气味，无异味</td></tr>
<tr><td colspan="2">加热后肉汤</td><td colspan="2">透明澄清，脂肪团聚于液面，具有禽类品种应有的滋味</td></tr>
<tr><td rowspan="3">淤血：以淤血面积（s）计/cm^2</td><td>s>1</td><td colspan="2">不得检出</td></tr>
<tr><td>0.5 < s<1</td><td colspan="2">片数不得超过抽样量的 2%</td></tr>
<tr><td>s≤0.5</td><td colspan="2">忽略不计</td></tr>
<tr><td colspan="2">硬杆毛（长度超过 12 mm 的羽毛，或直径超过 2 mm 的羽毛根）（根/10 kg）</td><td colspan="2">≤1</td></tr>
<tr><td colspan="2">异物</td><td colspan="2">不得检出</td></tr>
</table>

注：淤血面积指单一整禽或单一分隔禽的一片淤血面积。

2. 理化检验

国家标准中规定的检验指标为挥发性盐基氮，其判定标准为新鲜畜肉、禽肉不得高于 15 mg/100 g，目前认为其最能反映肉变质过程中的质量变化规律，并与感官变化一致。在基层也常采用 pH 测定、球蛋白沉淀试验、粗氨测定、过氧化物酶反应、硫化氢试验等快速定性检验项目进行综合判定。

3. 细菌学检验

肉的腐败变质是由于肉中微生物的大量生长繁殖所引起的，因此检验肉中细菌污染状况，不仅可以判定肉的新鲜度，而且可以反映肉在生产和流通过程中的卫生状况。通常采用触片镜检的方法来进行检验。

- **人员准备**

人员分组，每组 5 人，明确职责分工（表 2-4-3）。

表 2-4-3　任务分配

任务角色	任务内容
组长：	任务：
组员 1：	任务：
组员 2：	任务：
组员 3：	任务：
组员 4：	任务：

任务实施

请学生结合所学知识，拟定一套完整的、符合动物检疫要求的检疫程序，确保仔猪在引进和销售过程中的安全和合规。

步骤一：前期准备

（1）了解检疫要求。在引进仔猪前，养殖场或经销商应详细了解国家和地方关于动物检疫的法律法规、检疫标准、操作程序等要求。

（2）选择合格供应商。选择具备相应资质、信誉良好的养殖场作为仔猪的供应商，确保引进的动物来源合法、健康。

步骤二：检疫申报

（1）提交检疫申请。养殖场或经销商应向当地动物卫生监督机构提交检疫申请，并附带相关证明材料（如供应商资质证明、动物来源证明等）。

（2）审核检疫申请。动物卫生监督机构对提交的检疫申请进行审核，确认申请材料的真实性和完整性，以及引进动物的合规性。

步骤三：检疫审批

（1）现场检疫。动物卫生监督机构组织专业人员对引进的仔猪进行现场检疫，检查动物的健康状况、疫病防控措施等是否符合要求。

（2）检疫审批。根据现场检疫结果，动物卫生监督机构对检疫申请进行审批，并出具相应的检疫证明。

步骤四：运输检疫

（1）运输前准备。在运输仔猪前，养殖场或经销商应确保运输车辆符合动物运输的卫生和安全要求，并对运输工具进行消毒处理。

（2）运输过程监督。在运输过程中，养殖场或经销商应确保动物得到适当的照顾和护理，防止动物受伤或感染疾病。同时，应配合动物卫生监督机构的监督检查。

步骤五：市场销售

（1）到达后检疫。仔猪到达目的地后，养殖场或经销商应立即向当地动物卫生监督机构报告，并配合进行到达后的检疫工作。确保动物健康无疫病后，方可进行销售。

（2）销售记录。养殖场或经销商应建立完善的销售记录，包括销售时间、数量、购买者信息等，以便追溯和监管。

步骤六：后续管理

（1）健康监测。在销售后的一段时间内，养殖场或经销商应对售出的仔猪进行健康监测，确保动物健康无疫病。

（2）记录保存。养殖场或经销商应妥善保存所有与检疫和销售相关的文件和记录，以备查阅和审计。

任务检测

请扫描二维码 2-4-2 进行答题。

二维码 2-4-2　项目二任务四检测

任务评价

完成表 2-4-4 工作任务完成过程评价。

表 2-4-4　工作任务完成过程评价

班级：		组别：	姓名：		
项目	评价方法	分数	自我评价	小组评价	教师评价
训练态度	服从安排，积极主动，认真负责	10 分			
安全防护	注重生物安全，防止疫情扩散，做好个人防护	10 分			
法律意识	熟悉相关法律知识	10 分			
对活体的检疫	方法正确，操作熟练	15 分			
对动物产品的检疫	方法正确，操作熟练	15 分			
市场检疫程序	熟练掌握检疫程序	40 分			
合计		100 分			
自我评价与总结					
教师点评					

项目三 动物疫病的检疫

项目导读

本项目主要学习动物共患疫病的检疫、猪主要疫病的检疫、牛羊主要疫病的检疫、禽主要疫病的检疫、其他动物疫病的检疫等。

通过本项目的学习需要大家掌握动物共患疫病检疫检验的临诊检疫要点和主要检疫方法及检疫后的处理，以及猪主要疫病、牛羊主要疫病、禽主要疫病的临诊检疫要点和主要检疫方法、检疫后的处理。通过学习，能够熟练鉴别发热为主的疫病、皮肤局部炎性肿胀、流产为主的共患疫病，使每个学生能够掌握常见猪疫病、牛羊疫病、禽疫病的流行病学、临床症状及病理变化的鉴别检疫要点，具备在生产实际中实施鉴别检疫的能力。

知识目标

（1）了解并掌握动物共患疫病、猪疫病、牛羊疫病、禽疫病的种类、流行病学特征及其防控策略。

（2）深入理解各类疫病的临床症状、病理变化及其诊断依据。

（3）掌握检疫检验的基本原理、方法和技术流程，包括临诊检疫、实验室检测等。

技能目标

（1）熟练掌握动物疫病的临诊检疫技巧，包括观察、询问、检查等。

（2）精通动物疫病实验室检测技术，如血清学、病原学检测等。

（3）学会根据检疫检验结果，科学制订疫病防控措施和检疫后处理方案。

（4）培养在实际生产环境中实施鉴别检疫的能力，准确鉴别和诊断常见动物疫病。

素质目标

（1）培养严谨的科学态度和认真负责的工作作风，确保检疫工作的准确性和公正性。

(2) 提升团队协作和沟通能力，有效配合完成检疫工作，确保工作的顺利进行。

(3) 强化职业素养和职业道德，遵守行业规范和法律法规，确保检疫工作的合法性和规范性。

(4) 树立安全意识和环保意识，保障个人安全，保护环境不受污染。

思政目标

(1) 培育学生学农爱农、知农为农、强农兴农的情怀。

(2) 弘扬用心去做，用爱去做，用技术去做的工匠精神。

(3) 培养学生的安全意识，在接触动物时做好人兽共患病的安全防护。

(4) 增强学生法律意识、防疫意识、职业使命感。

任务一　动物共患疫病的检疫

任务导入

在畜牧业的发展过程中，动物疫病防控是一个不容忽视的重要议题。这些疫病不仅直接威胁动物的健康和生命安全，更有可能通过不同的途径传播给人类，导致严重的人兽共患病，如炭疽、鼠疫和布鲁氏菌病等。因此，动物共患疫病成为制约畜牧业稳定发展和影响人类健康的重要因素。

在本次任务中，请学生根据实验室实习经历，回顾自身遇到的一类动物共患疫病，根据实习老师操作，翔实地记录采集病料步骤，在实验室采用何种检疫方法对动物疫病进行检疫确诊，并提交一份疫病检疫的试验记录。该任务旨在使学生全面理解动物共患疫病的严重性，熟悉疫病的防控策略，提升疫病鉴别及检测能力。

任务准备

- **知识准备**

一、口蹄疫

口蹄疫俗称口疮、蹄癀，是由口蹄疫病毒引起主要是偶蹄动物患病的一种急性、热性和高度接触性传染病。口蹄疫病毒有 7 个血清型：A、O、C、SAT1、SAT2、SAT3 及亚洲 I 型，其中 O 型最常见，亚型有 70 多个。各型间抗原性不同，无交叉免疫，亚型及毒株间抗原性也有明显差异。病毒耐干燥，在组织和污染物中可存活数周甚至几个月，但对高温、紫外线、甲醛和酸碱类消毒剂敏感。可感染猪、牛、羊等家畜在内的 30 多种动物，家畜中黄牛、奶牛最为敏感，牦牛、水牛、猪次之，绵羊、山羊、骆驼易感性低。人也可因接触患病动物、处理患病动物或饮食患病动物生乳或未经煮熟病肉、乳及乳制品而感染。

患病或带毒动物是主要的传染源，经消化道和呼吸道传播，也可通过损伤的皮肤、黏膜感染。本病流行没有严格的季节性，但一般在冬、春季多发，有一定的周期性。呈流行性或大流行性，具有跳跃性或远距离传播的特性。幼年动物发病率和死亡率都比较高。

（一）临诊检疫要点

（1）患病动物在口腔黏膜、蹄部、鼻，有时在乳房、阴门、阴囊等处皮肤和黏膜发生特征性水疱，水疱呈圆形凸起，约蚕豆大至核桃大，内含清亮液体，初透明后呈淡黄色。水疱破溃后往往形成浅表性的红色溃疡，甚至化脓。

（2）患病动物常表现运步困难、跛行，严重的蹄部溃烂、蹄壳脱落。体温升高、食欲减退、流涎，幼龄动物还常呈急性胃肠卡他症状。

（3）本病往往容易与下列疫病相混淆，必须注意区别。

传染性口炎：其特征是在牛口腔、舌面发生的水疱较小，且易愈合。马属动物易感染。

猪传染性水疱病：症状颇似口蹄疫，不感染牛、羊，主要发生于生猪集中的屠宰场待宰圈和中转仓库。

牛恶性卡他热：在口腔黏膜上有糜烂，但本病在鼻黏膜和鼻镜上有坏死过程，且在其发生之前并不形成水疱，还可见角膜混浊，而口蹄疫无此病变。

（二）实验室检疫

（1）用清水局部清洗（切忌使用酒精、碘酒等消毒剂消毒），剪取患病动物的新鲜水疱皮 3~5 g 或水疱液至少 1 mL，在无法采集水疱皮和水疱液时，可采集淋巴结、脊髓、肌肉等组织样品 3~5 g 装入洁净小瓶内，作为检样。经双抗夹心酶联免疫吸附试验、反向间接血凝试验、反转录-聚合酶链反应（RT-PCR）试验、乳鼠中和试验、微量补体结合反应等进行病原检测。

（2）采集血清样品，经非结构蛋白抗体酶联免疫吸附试验或液相阻断酶联免疫吸附试验进行抗体检测。

（三）检疫后的处理

（1）一旦发生疫情，遵循“早、快、严、小”的原则，应立即上报，迅速确诊，划定疫点、疫区和受威胁区，疫区的动物、动物产品及用品不得移出，实施严格的隔离封锁措施。对疫点内患病动物和同群动物全部扑杀销毁，焚烧病死动物及扑杀后动物尸体、排泄物和污染草料等。对污染的场所、器具用 2%氢氧化钠溶液彻底消毒。对疫区和受威胁区内未发病动物进行紧急免疫接种，建立免疫带。

（2）宰前检疫发现口蹄疫后，患病动物和同群动物用不放血方法全部扑杀销毁、焚烧处理。场地、圈舍、用具等严格消毒，采取防疫措施，并立即上报疫情。

宰后检疫发现口蹄疫后，立即停止生产，彻底清洗、严格消毒生产场地，其胴体、内脏及其副产品以及同批产品及其副产品全部销毁处理。注意个人防护。

（3）最后一头患病动物死亡或扑杀后14 d内不出现新的病例，经终末消毒、动物卫生监督机构按规定审验合格后，由当地动物卫生监督机构向发布封锁令的人民政府申请解除封锁。

二、炭疽

炭疽是由炭疽杆菌引起的人畜共患的一种急性、热性、败血性传染病，为一种自然疫源性疾病。临诊特征为突然高热，天然孔出血，血液凝固不良，呈煤焦油样，尸僵不全，肛门外凸，可视黏膜发绀，脾脏显著肿大，皮下组织有浆液性出血性浸润。一般草食动物最易感，以绵羊、山羊、马、牛易感性强，骆驼、水牛和野生草食动物次之，常呈急性败血症经过。猪抵抗力较强，多为慢性经过。人感染本病可发生败血症而死亡。

本病无严格的季节性，但多发于夏、秋季多雨洪涝灾害之时。

（一）临诊检疫要点

（1）多见于炎热的夏、秋季洪涝灾害后，常多呈散发性或地方流行性。急性患病动物突然高热，骤然死亡，从鼻、口等天然孔流出血性泡沫，阴道、肛门流出不凝固的血液。急性型病例一般病程1~2 d，患畜体温升高，食欲减退或废绝，精神极度沉郁，可视黏膜发绀、有出血点，天然孔出血、血液凝固不良，最后窒息死亡。亚急性患病动物病程稍长，以颈下、胸前、肩胛、腹下、乳房和外阴处皮下发生界线清楚的局灶性炎性水肿，初硬固有热痛，后变冷继而溃烂，不断流出黄色液体，长期不愈称为炭疽痈。

（2）猪感染后多表现为咽炭疽、肠炭疽。临诊症状不明显，仅表现沉郁、厌食、呕吐、下痢等症状，多在屠宰后才发现。

（3）在屠宰动物中，急性败血型炭疽一般不会进入正常屠宰过程，所以多见慢性局限性炭疽（如咽炭疽、肠炭疽）。猪以咽喉型炭疽最多见，一侧或两侧颌下淋巴结肿大、出血，刀切时感到硬而脆，切面呈砖红色，有时可见大小不等的灰白或灰黄色或污黑色坏死灶。淋巴结周围组织呈不同程度出血性胶样浸润。扁桃体充血、出血、水肿或坏死，有的表面覆盖黄灰色假膜和针尖大的黑色、灰黄色坏死点。猪肠型炭疽主要发生于小肠，多以肿大、出血和坏死的淋巴小结为中心，形成局灶性、出血性、坏死性病变，于肠壁上出现坏死溃疡的炭疽痈肿；肠系膜淋巴结肿大呈出血性胶样浸润。脾软而肿大，肾充血、出血。

（4）死于炭疽的病牛，尸体迅速腐败膨胀，血液凝固不良；皮下、浆膜下、咽喉及肾脏周围等结缔组织发生胶样浸润和出血；脾肿大数倍，脾髓黑色，软化如泥状；全身淋巴结肿大、出血，切面呈砖红色；肠黏膜和淋巴滤泡出血、溃疡和出血性坏死。

（5）牛炭疽应注意与牛出败、气肿疽、巴贝斯虫病鉴别。猪炭疽应注意与猪丹毒、猪肺疫、猪瘟及猪弓形虫病鉴别。

（二）实验室检疫

（1）在防止病原扩散的条件下采取病料。生前可采耳静脉血、水肿液或血便，死后可立即采取耳尖血和四肢末端血涂片。宰后检疫时，取淋巴结涂片。用革兰氏染色、吉姆萨染色或荚膜染色法染色，显微镜检查若发现单个或1~4个短链排列的竹节状革兰氏阳性大杆菌即可确诊。

（2）将病料浸出液与炭疽沉淀素做环状沉淀试验，两液接触面出现清晰的白色沉淀环者为阳性。此外，琼脂扩散试验、荧光抗体试验、对流免疫电泳试验等方法亦可用于检查确诊。

（三）检疫后的处理

确认为炭疽的患病动物，迅速上报疫情，立即封锁疫区和疫点，隔离患病动物。采取不放血的方法扑杀患病动物，严禁解剖和剥皮食用。焚烧或深埋死尸、患病动物粪便及被污染的垫草等。对可疑患病动物或同群动物进行隔离、观察、治疗和预防。对封锁疫区及周围的易感动物进行紧急免疫接种。被污染的场地、用具等用5%~10%氢氧化钠或20%漂白粉液消毒。疫区内最后一头患病动物清除后14 d，经彻底消毒，方可解除封锁。

三、布鲁氏菌病

布鲁氏菌病是由布鲁氏菌属的细菌引起的人兽共患传染病。主要表现是母畜流产、不孕、乳腺炎，公畜睾丸炎、附睾炎和关节炎。患病动物终身带菌。牧区有些地方牛、羊群感染率较高。近年来，城市郊区奶牛场也时常发生本病。猪布鲁氏菌病主要流行于南方地区，即一些种猪场。人对牛型、羊型、猪型布鲁氏菌均易感，人可通过与患病动物或带菌动物及其产品的接触、食用未经彻底消毒的患病动物肉、乳及其制品而感染发病。绵羊布鲁氏菌对人体有较强的感染性，需注意防护。

（一）临诊检疫要点

（1）母牛多见于妊娠7~8个月时，发生流产、胎衣滞留和胎儿死亡。公牛常见睾丸炎、附睾炎，睾丸肿痛可伴有中度发热，精液中常含有大量的布鲁氏菌。

（2）母羊流产多发于妊娠的第4个月，流产前2~3 d，体温升高，精神沉郁，食欲减退，有的卧地不起。由阴道流出黏液带血污物。流产胎儿多死亡或弱仔发育不良。有的发生慢性生殖道炎症后不孕。有的病羊发生慢性关节炎及滑液囊炎后跛行。公羊有的出现睾丸炎、附睾炎后，触诊患部发热，有疼感。

（3）母猪多在妊娠的第3个月流产，表现精神沉郁、食欲不振，乳房、阴唇肿胀，常排出黏性脓性分泌物；流产胎儿的状态各不相同，有的已干尸化，有的刚死亡不久，有的是弱仔猪，可能还有正常仔猪等。公猪出现一侧或两侧睾丸炎、附睾萎缩，性欲减退甚至消失，失去配种能力。有些病例还有关节炎，常侵害膝关节和腕关节，表现关节肿大、疼痛、跛行。

（二）实验室检疫

1. 病料涂片镜检

取流产胎儿的胃内容物、羊水、胎盘的坏死部分或母畜流产 2~3 d 内的阴道分泌物、乳汁和尿等病料进行抹片，用改良柯氏鉴别染色法或吉姆萨染色镜检，可见到特征性的球杆状或短杆状小杆菌。

2. 血清学诊断

布鲁氏菌病的血清学诊断方法有凝集试验、补体结合反应、双相扩散试验、荧光试验、酶联免疫吸附试验、PCR 和基因探针试验等。平板凝集试验和试管凝集试验是畜群检疫和诊断布鲁氏菌病常用的方法，但对潜伏期患病动物及慢性经过的患病动物还不能全部检出；补体结合反应的特异性和敏感性比凝集试验更高，但由于操作较麻烦，基层检疫时应用较少。

（三）检疫后的处理

（1）从非疫区引种的动物应隔离检疫 45 d 以上，经二次血清学检查（常用试管凝集试验、平板凝集试验和全乳环状反应）为阴性者方可混群。奶牛场每年进行 2 次定期检疫，发现可疑者，1 个月内应重复检查，检出阳性牛扑杀销毁。

（2）宰后检出的布鲁氏菌病患病动物及其胴体、内脏和副产品，一律作销毁处理。

（3）做好流产胎儿、污染物、粪便及环境消毒，做好免疫接种工作。

四、结核病

结核病是由分枝杆菌引起的一种慢性人兽共患传染病。以在多种组织、器官形成结节性肉芽肿和干酪样坏死、钙化结节为特征。可感染多种动物，以奶牛最易感，其次是黄牛、牦牛、水牛、猪和家禽，绵羊和山羊很少发病。人尤其是儿童主要是通过饮用生奶或消毒不合格的乳汁而感染。

与动物有关的分枝杆菌主要有牛分枝杆菌、禽分枝杆菌和结核分枝杆菌。可彼此交叉感染，以及感染其他动物。开放性结核患病动物主要是经过呼吸道感染传播本病，尤其是经飞沫，但小牛多经消化道而感染。

（一）临诊检疫要点

（1）潜伏期短的十几天，而长的需数月或数年后发病。病牛常见肺结核，呈现全身进行性消瘦和贫血，初干咳而短，渐变为湿咳而长，呼吸迫促，早上牵出运动时尤为明显，有时流淡黄色脓性鼻液，体温一般正常或下午稍有升高。乳房结核时，乳房表面出现大小不等凹凸不平的硬结，泌乳量减少，乳液稀薄或呈深黄浓厚絮片状凝乳，最后停乳。患肠结核者，多发生于空肠和回肠，呈消化不良，表现顽固性腹泻，粪便混有黏液或脓液，迅速消瘦。淋巴结核者常见下颌、咽、颈、腹股沟、股前等淋巴结可形成无热无痛性肿块。采食减少，呼吸困难，消瘦。

（2）牛的尸体剖检或宰后检疫时，可见肺组织内有粟粒至豌豆大灰白色半透明的坚实小结节，有时切开结节中央可见干酪样坏死或钙化灶，有时可见肺空洞，淋巴结肿大，切面有呈放射状或条纹状排列的干酪样物，或有多量颗粒状钙化或化脓的小结节；有的在胸膜或腹膜有多量密集的灰白色半透明和不透明而坚实的灰白色结节形似珍珠，通称为“珍珠肿（串）”或“珍珠病”；剖开乳房可见大小不等的病灶内含豆腐渣状的干酪样物质。

（3）各器官组织的结核病变应注意与放线菌病、寄生虫结节、伪结核病及真（霉）菌性肉芽肿相区别。

（二）实验室检疫

1. 病原检查

取痰液或结核病灶、乳及其他分泌物直接涂片，抗酸染色后高倍镜检查，结核分枝杆菌呈红色，其他菌及背景为蓝色，即可确诊。

2. 变态反应诊断

用提纯结核菌素（PPD）0.2 mL（每毫升含 PPD 25 000 IU），注射于牛颈侧中部皮内，72 h 后观察反应，局部弥漫性水肿，皮厚相差 4 mm 以上者，可判为阳性。

（三）检疫后的处理

（1）引进动物应隔离检疫 1 个月以上，经检疫阴性者方可入群。奶牛场用结核菌素作皮内变态反应检测，每年对牛群检疫 2 次，检出的开放性阳性牛应立即不放血扑杀销毁处理。为了防止人畜互相传染，工作人员应注意防护，并定期体检。

（2）宰后检疫发现全身性结核或局部结核的，其胴体及内脏一律销毁处理。

五、巴氏杆菌病

巴氏杆菌病是由多杀性巴氏杆菌引起的，发生于各种家畜、家禽、野生动物和人类的一种传染病的总称。动物急性病例以败血症和炎性出血过程为主要特征，人的病例罕见，且多为伤口感染。

（一）临诊检疫要点

多种动物均可感染，猪、兔、鸡、鸭发病较多，发病受外界诱因影响较大。本病的发生无明显的季节性，但以冷热交替，气候剧变，闷热，潮湿，多雨时期发生较多。体温失调，抵抗力降低，是本病主要的发病诱因之一。另外长途运输或频繁迁移、过度疲劳、饲料突变、营养缺乏、寄生虫等也常常诱发此病。因某些疾病的存在造成机体抵抗力降低，易继发本病。本病多呈散发性或地方流行性，同种动物能相互传染，不同种动物之间也偶见相互传染。

1. 猪肺疫

潜伏期 1~5 d，临床上一般分为最急性型、急性型和慢性型。最急性型俗称

“锁喉风”，突然发病，迅速死亡。病程稍长、病状明显的可表现体温升高（41~42℃），食欲废绝，呼吸困难，心跳加快。颈下咽喉部发热、红肿、坚硬，严重者向上延及耳根，向后可达胸前，病死率达100%。急性型是本病的主要病型。除具有败血症的一般症状外，还表现出急性胸膜肺炎。体温升高（40~41℃），初发生痉挛性干咳，呼吸困难，鼻流黏稠液。后变为湿咳，咳时感痛，触诊胸部有剧烈的疼痛。病势发展后，呼吸更感困难，张口吐舌，呈犬坐姿势，可视黏膜蓝紫，常有黏脓性结膜炎。初便秘，后腹泻。末期心脏衰弱，心跳加快，皮肤出现淤血和小出血点。病猪消瘦无力，卧地不起，多因窒息而死。病程5~8 d，不死的转为慢性型。慢性型表现慢性胃肠炎和慢性肺炎，病猪呼吸困难，持续性咳嗽，鼻流脓性分泌物，食欲缺乏，下痢，逐渐消瘦，衰竭死亡。

剖检全身黏膜、浆膜和皮下组织大量出血，胸腔、腹腔有纤维素样附着物，肺大理石样病变，咽喉周边组织出血性浆液浸润；全身淋巴结出血，切开呈红色；切开颈部皮肤，可见大量胶冻样淡黄色液体。

2. 禽霍乱

临床上分为最急性型、急性型和慢性型三型。最急性型见于流行初期，多发生于肥壮、高产鸡，表现为突然发病，迅速死亡。急性型最常见，表现为高热（43~44℃），口渴，昏睡，羽毛松乱，翅膀下垂。常有剧烈腹泻，排灰黄色甚至污绿色、带血样稀便。呼吸困难，口鼻分泌物增多，鸡冠、肉髯发紫。病程1~3 d。慢性型见于流行后期，以肺、呼吸道或胃肠道的慢性炎症为特点。可见鸡冠、肉髯发紫、肿胀。有的发生慢性关节炎，表现为关节肿大、疼痛、跛行。

病变相似，全身的皮肤、皮下、肌肉、浆膜、黏膜（尤其呼吸道、消化道黏膜）均有出血点；肝肿大，质脆，表面常有密集或散在的针尖大的黄白色或灰白色坏死灶。脾肿大，可见小的坏死点。多发性关节炎病例，常见关节肿大、变形和炎性渗出物以及干酪样坏死。

3. 牛出血性败血症

可分为败血型、水肿型和肺炎型，但大多表现为混合型。病牛精神沉郁，反应迟钝，喜卧；鼻镜干燥，流浆液性、黏液性鼻液，后期呈脓性；眼结膜潮红，流泪；体温41~42℃，呼吸、脉搏加快，肌肉震颤，食欲减退甚至废绝，反刍停止；病牛表现腹痛，下痢，粪便初为粥状，后呈液状，其中混有黏液、黏膜及血液，恶臭；有时咳嗽或呻吟；部分病牛颈部、咽喉部、胸前的皮下组织出现炎性水肿。当体温下降时即迅速死亡，病程一般不超过36 h。

败血性病牛的内脏器官充血或出血。黏膜、浆膜以及肺、舌、皮下组织和肌肉均有出血点；脾脏无变化或有出血点；肝实质变性；淋巴结水肿，切面多汁，呈暗红色；腹腔内有大量的渗出液；肺切面呈绿色、黑红色、灰白色或灰黄色，呈大理石样；肿胀部位皮下结缔组织呈现胶样浸润，切开有浅黄色或深黄色透明液体流出，夹杂血液。

4. 兔出血性败血症

潜伏期2~9 d，高热、腹泻、肺炎、中耳炎、鼻炎。

病理变化可见各实质脏器如心、肝、脾以及淋巴结充血、出血；喉头、气管、肠道黏膜有出血点。胸腔积液，有时有纤维素性渗出物；心脏肥大、心包积液；肺充血、出血，甚至发生肝变，严重者胸腔蓄积纤维素性脓液或肺部化脓。

（二）实验室检疫

1. 细菌学检查

取病死动物肝脏触片，瑞氏染色，镜检，即发现大量两极着色的小杆菌。取病变淋巴结、肝、脾、肾渗出液或水肿液等病料接种于鲜血琼脂平板，37℃培养 24 h，长出圆形、湿润、灰白色、露珠状的小菌落。取分离培养物涂片，革兰氏染色，镜检，为革兰氏阴性小杆菌。取分离培养物或病料混悬液，皮下接种小鼠，一般在 24~48 h 内死亡，及时解剖病死小鼠，取肝触片，染色镜检，可检出巴氏杆菌。

2. 血清学检查

玻片凝集反应，用每毫升含 10 亿~60 亿个菌体的抗原，加上被检动物的血清，在 5~7 min 内发生凝集的为阳性。另有血液龙胆紫培养基培养法、噬菌体诊断法等，

3. 生化反应

多杀性巴氏杆菌在 48 h 内可分解葡萄糖、果糖、蔗糖和甘露糖，产酸不产气。甲基红（MR）试验和 VP 试验均为阴性。接触酶和氧化酶试验均为阳性。不液化明胶。

（三）检疫后的处理

（1）宰后检疫肌肉无病变或病变轻微时，将病变部位割除，胴体及内脏高温处理后出场；肌肉有病变时，胴体、内脏与血液作工业用或销毁；皮张消毒后出场。

（2）确诊为巴氏杆菌病时，病畜禽不得调运，采取隔离治疗措施；假定健康畜禽，紧急预防接种；病死畜禽深埋或焚烧；圈舍全面消毒。

六、产气荚膜梭菌病

产气荚膜梭菌病又称魏氏梭菌病，是一类由产气荚膜梭菌的特定菌型所致的多种动物共患的急性传染病。包括羊肠毒血症、羊猝狙、羔羊痢疾、牛产气荚膜梭菌肠毒血症、猪梭菌性肠炎、兔梭菌性腹泻、鹿肠毒血症等。以发病急、病程短、死亡快为特征，临床上多表现为肠毒血症。

产气荚膜梭菌可产生 12 种以上强烈的外毒素，其中主要致死毒素是 α、β、ε、ζ。根据主要致死毒素与其抗毒素的中和试验将本菌分为 A、B、C、D、E 这 5 个毒素型。其中，A 型、C 型和 D 型的某些菌株可分泌肠毒素。草食动物最为易感。各年龄动物都有易感性，但幼龄动物多见。主要致病菌型为羊肠毒血症（D 型）、羊猝狙（C 型）、羔羊痢疾（B 型）、牛产气荚膜梭菌肠毒血症（A、B、C、D、E 型都有）、猪梭菌性肠炎（C 型）、兔梭菌性腹泻（A 型）。

（一）羊肠毒血症

羊肠毒血症又称软肾病或类快疫，是由 D 型产气荚膜梭菌引起绵羊的急性毒血

症，主要以肾组织软化为特征，对养羊业危害大。主要发生于2~12月龄膘情良好的绵羊，而山羊少见。羊因为采食污染的饲草和水而感染发病，多发于春初至秋末，呈散发，在新疫区病势较猛。

多为急性型，病羊突然离群呆立或乱跑或卧下，步态不稳，肌肉震颤，咬牙、甩耳，四肢抽搐、痉挛，角弓反张，呼吸促迫，口鼻流出白沫，心跳过速，眼结膜苍白，体温一般正常，濒死期发生肠鸣或腹痛，排出黄色水样或带黏液粪便，昏迷而死。病死率达100%。尸体剖检见肾肿胀柔软呈泥状，胸腹腔、心包腔有积液。严重者整个肠壁呈红色，黏膜脱落或有溃疡，在小肠多见。其他脏器有水肿和出血。

（二）羊猝狙

羊猝狙是由C型产气荚膜梭菌所致的以急性死亡、腹膜炎和溃疡性肠炎为特征的一种传染病。主要侵害绵羊，尤以6个月至2岁的多发。病菌随动物采食和饮水经口进入消化道，在肠道中生长繁殖并产生毒素而发病死亡。当天气骤变、气候寒冷、吃带雪冰水的牧草以及寄生虫感染等都可诱发本病。

病程只有3~6 h，有时不见早期症状而死亡；有时见突然呆立，剧烈痉挛，倒地、咬牙、眼球突出，惊厥死亡。剖检尸体见真胃和肠道有炎症，小肠溃疡，大肠壁皱缩，黏膜坏死，腹腔积水，浆膜充血出血。心包腔积液，心内外膜有出血点，淋巴结肿大。

（三）羔羊痢疾

羔羊痢疾是由B型产气荚膜梭菌所致的多发于1周龄左右的羔羊以剧烈腹泻和小肠溃疡为特征的急性毒血症。本病可引起羔羊的大批死亡。主要通过消化道感染，也可通过脐带或创伤感染。诱因是因为母羊在孕期营养不良，羔羊体质瘦弱；气候寒冷，尤其是风雪较大，羔羊受冻；哺乳饥饱不均等。

潜伏期只有数小时，多为急性型和亚急性型。急性型病羔不吃、喜卧、排黄色带血的水样便，随后昏迷死亡。有的不见症状而死亡，病死率达100%。发生过本病的地区出现与急性型症状相似的但病程较长的亚急性型病羔。剖检尸体见脱水、消瘦，肛门周围被稀粪污染。真胃有未消化凝乳块，小肠出血性炎症，肠黏膜出血、坏死及溃疡，肠系膜淋巴结肿胀、充血、出血。心包腔积液，心内膜出血。

（四）猪梭菌性肠炎

猪梭菌性肠炎又称为仔猪红痢，是由C型产气荚膜梭菌引起的新生仔猪的高度致死性肠毒血症。以1~3日龄仔猪最易感，1周龄以上仔猪少发，特征是血便、肠坏死、病程短、病死率高。病程长短不一，临床上分为最急性型（生后几小时至1 d发病，血痢或未见血痢即突然衰竭死亡）、急性型（一般第3天死亡，病仔猪排出含灰色坏死组织碎片和气泡的红褐色水样粪便、腥臭，衰弱死亡。有的呕吐、哀叫、不自主动作。）、亚急性型（一般5~7 d内死亡，病仔猪开始排黄软粪便，继而排水样稀便，极度消瘦、脱水死亡。）、慢性型（病程1周以上，病仔猪间歇性或持续性腹泻，粪便呈黄灰色糊状，逐渐消瘦、生长停滞、死亡）。尸体检查见在空肠和回肠暗红色，肠腔内充满带血内容物、坏死组织碎片，绒毛坏死，黏膜覆有假膜，肠壁增厚。

（五）牛产气荚膜梭菌肠毒血症

牛产气荚膜梭菌肠毒血症（A~E 型）以发病急、病程短、病死率高，发生肠炎、组织出血和水肿为特征。给养牛业造成较大损失。一般在春、秋季多发，由于突然更换饲料、在有露水土地或在低洼地放牧引起发病，呈散发或地方流行性。多由 D 型产气荚膜梭菌引起病牛出现方向感障碍，间歇性跳跃，转圈运动，高声吼叫至口流泡沫。C 型或 B 型产气荚膜梭菌引起病牛精神沉郁，食欲减退、离群，可视黏膜发绀，腹痛腹泻，排灰绿色稀粪并带血，卧地后死亡。A 型产气荚膜梭菌引起病牛黄疸和血红蛋白尿。尸体剖检见小肠炎症，肠黏膜坏死，有假膜，肠内容物带血，肠系膜淋巴结肿胀出血，实质器官变性肿胀。

以上产气荚膜梭菌病一旦确诊，应迅速隔离患病动物，销毁死尸，严禁剥皮利用或投喂犬、猫等食肉动物。彻底焚烧患病动物的粪便等污物。对被污染的场地、圈舍、用具等用 3%福尔马林液进行消毒。对疫区健康易感动物用同型疫苗或类毒素或多价疫苗进行紧急免疫接种。为了防止本病发生，平时应加强饲养管理，高度树立防病意识，定期或不定期严格消毒，常发地区制订免疫程序进行预防注射。

七、狂犬病

狂犬病是由狂犬病病毒引起的人、畜和野生动物共患的急性、接触性、高度致死性传染病。其特征是患病动物神经高度兴奋、恐水，意识障碍，继而出现局部或全身麻痹而死亡。

（一）临诊检疫要点

人和多种动物主要通过被患病动物咬伤直接感染，也可通过损伤皮肤或黏膜、呼吸道、消化道和胎盘感染。潜伏期一般为 20~60 d，最短的 8 d，长的达数月甚至 1 年以上，与咬伤部位、深度、病毒毒力和数量有关。各种动物的症状基本相似，分为狂暴型和麻痹型。

病犬狂暴型临床表现分为三个阶段。

1. 前驱期

病犬表现精神沉郁，喜藏暗处，意识混乱，举动反常，不听呼唤；食欲反常，表现异嗜；瞳孔散大，反射机能亢进，易受刺激，极易兴奋，后躯软弱；咬伤处发痒，舌舔局部。经过 1~2 d 进入兴奋期。

2. 兴奋期

病犬表现狂躁不安，攻击人畜和咬伤自身，无目的地狂奔乱走；肌肉痉挛，咽喉肌麻痹，吞咽困难，吠声嘶哑，唾液流出，下颌下垂，尾下垂，怕水，因此狂犬病又被称为“恐水症”。有时狂暴与沉郁交替出现，疲劳卧地不动，而后又站起，对物斜视。经 2~4 d 转入麻痹期。

3. 麻痹期

病犬消瘦，被毛粗乱，精神高度沉郁，病犬出现下颌下垂、张口、垂舌、斜视、口流带泡沫的唾液，舌悬于口外，行走摇摆，倒卧在地，最后昏迷而死，1~2 d。

病犬麻痹型的兴奋期很短，从头部肌肉麻痹开始，表现吞咽困难、流涎、张口呼吸，卧地不起和恐水症，经 2~4 d 后死亡。

（二）实验室检疫

取大脑海马角或小脑作触片，用复红-亚甲蓝染色液染色 8~10 s，水洗、干燥、镜检，如在细胞质内见有染成红色椭圆形的包涵体（尼氏小体），可以确诊。但有的病例在脑内查不到包涵体，大脑的阳性检出率为 70%左右。还可取脑或唾液腺制成乳剂接种乳鼠，死后取脑组织检查包涵体。

荧光抗体法是诊断狂犬病特异、敏感、快速的方法，其阳性检出率可达 95%。此外常用的方法还有中和试验和补体结合试验。近年来研究的 ELISA 检查抗原和抗体，应用基因探针位点杂交技术检测试验感染小鼠中枢神经系统中狂犬病病毒的 RNA，都取得了进展。

（三）检疫后的处理

确诊为狂犬病后，上报疫情，迅速隔离并不放血扑杀患病动物，焚烧或深埋尸体，可疑患病动物至少隔离观察期持续 3 个月以上。被污染的场地、圈舍和用具用 2%氢氧化钠溶液或 10%石灰乳消毒。

皮肤或黏膜被咬伤出血，被可疑或确诊的患病动物唾液污染后，立即消毒清理伤口，应按暴露后程序立即接种狂犬病疫苗和抗狂犬病血清/狂犬病人免疫球蛋白。

加强各种犬的登记和管理，每年应定期对犬注射狂犬病疫苗。

八、伪狂犬病

猪伪狂犬病是由伪狂犬病毒引起的多种动物共患的一种急性传染病。其特征是发烧、奇痒（猪一般无此症）和脑脊髓炎。猪伪狂犬病毒只感染猪，病猪年龄不同，其临床症状也有差异，哺乳仔猪出现发热、神经症状，死亡率极高；成年猪呈隐性感染；怀孕母猪发生流产。其他患病动物症状典型，病死率高。多发于冬、春季，被污染的场地、圈舍、饲草料、饮水以及带毒鼠类成为本病传播媒介。呈散发或地方性流行。

（一）临诊检疫要点

猪的临床症状随年龄不同有很大的差异，但是，都无明显的局部瘙痒现象。猪是伪狂犬病的唯一自然宿主，对其危害大。可致妊娠母猪流产，产死胎及胎儿干尸化。对初生仔猪则引起神经症状，出现运动失调，麻痹，衰竭死亡，病死率 100%。成年猪多呈隐性感染，但可引起呼吸道症状。

1. 母猪

伪狂犬病毒可以通过胎盘屏障，感染和杀死子宫内的胎儿导致妊娠母猪流产，产死胎及胎儿干尸化。怀孕母猪于受胎 40 d 后感染时，常有流产、死胎及延迟分娩等现象。怀孕后期感染的则产出木乃伊胎，也有产活仔的，初生仔猪则引起神经症状，出现运动失调，麻痹，一般在 1~2 d 内衰竭死亡，病死率 100%。母猪流产前后，大多无明显的临床症状。有些怀孕母猪感染病毒后不会流产仅会出现呼吸症状和一过性发烧及短暂性厌食现象，所产仔猪 20%~30%有伪狂犬病症状，死亡率为 10%~20%，其余仔猪基本正常。

2. 哺乳仔猪

感染后的潜伏期一般很短，只有 2~4 d，会出现严重的临床症状，哺乳猪倦怠、厌食和发烧（41℃）及嗜睡，有些仔猪出现临床症状的 24 h 内，会表现中枢神经系统症状，开始为震颤，唾液分泌增多，运动障碍共济失调和眼球震颤，发展至角弓反张，突然发作癫痫。有的病猪因后肢麻痹呈犬坐姿势，有的转圈或侧卧做划水运动，有的呕吐和水样腹泻，但这些症状并非一成不变。有中枢神经系统症状的猪一般在症状出现 24~36 h 死亡。哺乳仔猪的死亡率很高，可高达 100%。

3. 断乳猪

其临床症状与哺乳猪相似，但症状较轻，一般有呼吸症状，特征为打喷嚏，鼻有分泌物，呼吸困难，高烧 41℃左右，临床治疗后多数会痊愈，少数猪出现神经症状，用头拱墙和叫声嘶哑，腹下有蓝紫色皮下出血点。若发病 6 d 后才出现神经症状，则有恢复希望。

目前临床常见的症状是刚断乳的仔猪严重的水样腹泻，一般的抗生素治疗无效，这是伪狂犬病亚临床的一种表现，有些猪耐过后成为僵猪、带毒猪而成为本病的传染源。

4. 育成猪

猪伪狂犬病的特征症状为呼吸症状，发病率一般高达 100%，但无并发症时，死亡率低，为 1%~2%。散发的猪，症状从轻微的肌肉震颤至剧烈抽搐，一般感染 3~6 d 后出现临床症状。特征为发热，精神沉郁，厌食，轻度至重度呼吸困难，发展至鼻炎后，动物打喷嚏，鼻有分泌物，进而发展至肺炎，动物剧烈咳嗽，呼吸困难，尤其是猪被迫运动时，病猪消瘦，症状一般持续 6~10 d，退热恢复食欲可逐渐恢复，出栏时间延长至少 1 周。如果伪狂犬病毒感染后，继发有放线杆菌性胸膜肺炎，症状明显或加重。

成年猪常呈隐性感染，较常见的症状为微热、倦怠、精神沉郁、便秘、食欲不振。数日即恢复正常，很少见到神经症状。

尸体剖检特征不明显，见脑膜瘀血、出血。肝、脾表面可见到黄白色坏死灶，肾表面有针状出血点。病理组织学呈现非化脓性脑炎变化。

（二）实验室检疫

1. 病原学诊断

（1）病毒分离鉴定（见 GB/T 18641—2018《伪狂犬病诊断方法》）。

（2）聚合酶链式反应诊断（见 GB/T 18641—2018《伪狂犬病诊断方法》）。

（3）动物接种：采取病猪扁桃体、嗅球、脑桥和肺脏，用生理盐水或 PBS 液（磷酸盐缓冲液）制成 10%悬液，反复冻融 3 次后离心取上清液接种于家兔皮下或者小鼠脑内（用于接种的家兔和小白鼠，必须事先用 ELISA 检测伪狂犬病病毒抗体阴性者才能使用），家兔经 2～5 d 或小鼠经 2～10 d 发病死亡，死亡前注射部位出现奇痒和四肢麻痹。家兔发病时先用舌舔接种部位，以后用力撕咬接种部位，使接种部位被撕咬伤、鲜红、出血，持续 4～6 h，病兔衰竭，痉挛，呼吸困难而死亡。小鼠不如家兔敏感，但明显表现兴奋不安，神经症状，奇痒和四肢麻痹而死亡。

2. 血清学诊断

（1）微量病毒中和试验（见 GB/T 18641—2018《伪狂犬病诊断方法》）。

（2）鉴别 ELISA（见 GB/T 18641—2018《伪狂犬病诊断方法》）。

诊断急性伪狂犬病毒感染时不宜采用血清学方法检查抗原。病毒分离选用对 2～3 头急性病猪的脑、脾和肺取样，样品保存于 4℃，最好不冷冻，除非使用干冰，尽快送至实验室。如果只有育肥、育成猪或成年猪感染，并且无一死亡，则应采用鼻拭子取样，鼻拭子保存于含有抗生素的冷磷酸盐缓冲细胞培养液中或冷的无菌生理盐水。样品接种于细胞培养基，观察是否出现典型的细胞病变，可疑分离物用荧光抗体技术证实，2～5 d 可分离到伪狂犬病毒。

（三）检疫后的处理

目前对此病尚无特效药物治疗，只有采取加强检疫、及时隔离、淘汰病猪、净化猪群等措施，予以根除。猪场的防治措施可从以下几方面着手：坚持自繁自养，不从其他猪场引种，如必须引种，则要把好检疫关；不从疫区引种，引进后要隔离饲养，最好采用人工授精配种方法。母猪配种前 24 h 左右注射赛福龙每千克体重 3 mg 一次，防止配种早期感染，净化产道致病菌，提高配种受精率。

实施综合防治措施，提高饲养管理水平，搞好环境卫生和药剂消毒，实行全进全出制等。猪场应禁养其他动物。做好抗体检测工作，对抗体水平较低的猪应及时预防，以防止伪狂犬病病毒的感染。

九、钩端螺旋体病

钩端螺旋体病（简称钩体病）是由致病性钩端螺旋体（简称钩体）引起的一种自然疫源性传染病。接触带菌的野生动物和家畜，钩体通过暴露部位的皮肤进入人体而感染的人兽共患病。啮齿类动物和猪为主要的传染源。因人类个体免疫水平的差别以及病原体菌株的不同，临床表现轻重不一。典型者起病急骤，早期有高热、倦怠无力、全身酸痛、结膜充血、腓肌压痛、浅表淋巴结肿大；中期可伴有肺弥漫性出血，明显的肝、肾、中枢神经系统损害；晚期多数病人恢复，少数病人可出现后发热、眼结膜炎以及脑动脉闭塞性炎症等。肺弥漫性出血、肝、肾功能衰竭常为致死原因。

（一）临诊检疫要点

潜伏期 7~14 d。钩体病因感染的钩体型别不同及机体的反应性差异，临床表现较为复杂多样。同型钩体可以引起完全不同的临床表现，而不同型的钩体又可引起极为相似的综合征。临床根据其表现的主要特点，分为以下几型。

1. 感染中毒型（又称流感伤寒型）

此型即钩体病早期的败血症，90%以上病例无明显器官损害，经 1~3 d 后即恢复。少数病例经此感染中毒阶段后即发展为以不同器官损害为主的其他临床类型。钩体败血症的临床症状有急性发热、头痛、肌痛、全身乏力、结膜充血、浅表淋巴结肿大触痛等，与流行性感冒相似。因上述感染中毒症状缺乏特异性，使诊断有一定困难。钩体病的眼结膜充血，不伴有明显畏光及分泌物。其肌肉疼痛以腓肠肌特别明显，伴有明显触痛。浅表淋巴结主要为引流上下肢的腋窝及腹股沟处肿大，质软，伴有触痛。如注意上述特点，结合流行病学资料，有一定的特征性。

2. 黄疸出血型

本型为钩体病国外及我国 20 世纪 50 年代报道的主要严重类型。病初仍为一般感染中毒症状，于病程 4~8 d 出现进行性加重的黄疸、出血倾向和肾功能损害。轻型病例以轻度黄疸为主、无明显出血倾向及肾功能损害，一般在短期内痊愈恢复。严重病例可迅速因肾功能衰竭、肝衰竭、大出血而死亡。本型黄疸程度与预后并无直接关系，除部分患者死于消化道及肺出血外，肾功能衰竭为主要的死亡原因。在死亡病例中，肾功能衰竭、肝功能衰竭、严重出血分别约占 70%、20%、10%。

3. 肺出血型

经早期败血症后 3~4 d，患者出现肺出血的临床表现。根据病情轻重又分为一般肺出血型和肺弥漫性出血型。一般肺出血型有咳嗽、痰中带血，肺部可有少量湿啰音。X 射线检查可发现散在小片状阴影。但患者无明显呼吸及循环障碍，经治疗常迅速痊愈恢复。肺弥漫性出血以迅速发展的广泛肺微血管出血为特点。临床可见咯血，但随着出血的迅速扩大和发展，患者出现进行性的呼吸循环功能障碍。为便于临床诊断和治疗，可将其又分为肺弥漫性出血早期，此时患者有气紧、心慌、呼吸脉搏加快，双肺可闻及散在湿啰音，X 射线检查可见肺部有散在点片影。如能获得及时诊断和治疗，病情尚易逆转恢复。肺弥漫性出血患者极度烦躁，气促发绀，心率及呼吸更快，满肺可闻及湿啰音。X 射线胸部检查显示肺部阴影融合成片，内有少量含气空腔残存。此时抢救已有很大难度，但在有经验的医务人员适当治疗下，仍有恢复的可能。如未能获得适当诊治，患者即进入肺弥漫性出血垂危期。患病动物神志不清，极度紫绀，双肺满布粗大的湿啰音，可闻及喉间痰响。最终因肺泡迅速充满血液而窒息死亡。引起本型的钩体主要为毒力极强的黄疸出血型，而其出现又需具有侵入钩体数量大的特点。我国自 1958 年以后，本型已成为南方各省流行中引起死亡的主要类型。近年国外亦有此型的报道，更加显示研究本型的重要性。

4. 肾衰竭型

钩体病发生肾损害十分普遍，主要表现蛋白尿及少量细胞和管型。仅严重病例可出现氮质血症，少尿或无尿，甚至肾功能衰竭。但多数肾功能不全均并发出现于重型黄疸出血型患病动物，并为其致死的主要原因，单独的肾衰竭型较为少见。

5. 脑膜脑炎型

为流行中少见的类型。患者发热 3~4 d 后，出现头痛、呕吐、颈强等脑膜炎症状，或神志障碍、瘫痪、昏迷等脑炎的临床表现。对钩体病患病动物作脑脊液检查时，约 70%的病例有轻度蛋白增加及少量白细胞，约半数病例可培养分离出钩体。但仅很少数钩体病患者出现脑膜炎的临床症状。单纯脑膜炎患者预后较好，伴有脑炎者病情较重，可因脑水肿呼吸衰竭死亡。

（二）实验室检疫

1. 血常规检查

白细胞总数及中性粒细胞增高。

2. 病原分离

取早期病人血液接种柯索夫培养基，分离钩体。

3. 血清学检查

凝集溶解试验，效价 1∶400 以上为阳性；双份血清效价呈 4 倍以上增长者可确诊。乳凝试验、反向乳凝试验可作快速诊断。

（三）检疫后的处理

确诊为钩端螺旋体病时，患病动物隔离治疗，死畜销毁或化制。栏圈、尿粪消毒，消毒剂可选用 3%漂白粉或 2%氢氧化钠溶液。疫区做好经常性灭鼠工作，保护水源清洁。

十、附红细胞体病

附红细胞体病是由附红细胞体在动物血液里附着在红细胞表面或游离在血浆中而引起的一种人畜共患传染病。临床上以发热、贫血或黄疸症状为主，多为隐性感染或慢性消耗性经过，但可引起肠道和呼吸系统感染，母猪繁殖力降低，育肥猪上市推迟等为主要特征。

（一）临诊检疫要点

哺乳仔猪最早 3 日龄发病。病猪发热、扎堆，步态不稳、四肢抽搐、发抖、不食，个别弱小猪很快死亡。死后口鼻流血、肛门排血，全身红紫、指压褪色。随着病程发展，病猪皮肤发黄（黄染）或发红，胸腹下及四肢内侧皮肤更甚。有时身体各部位皮肤的红紫连成一个整体，整个猪为红色，成为“红皮猪”。可视黏膜黄染或苍白。慢性型主要表现贫血和黄疸。被毛灰白色，皮肤有渗出性黏液，用手触摸发黏。个别猪发生丘疹性皮炎，形成紫红色不规则的炎性病灶，病程稍长的猪皮肤皲裂，耳部表皮发干、易剥离。繁殖母猪体温升高，食欲不振或不食，母猪常流产、产死胎、不发情，或发情后屡配不孕，乳头肿大坚硬。妊娠后期和产后母猪易发生乳房炎。其他阶段的猪未见明显临床症状。

（二）实验室检疫

血液涂片检查：取耳静脉血（或抗凝血）1 滴于载玻片上，加等量生理盐水，混匀，加盖玻片。在 400~600 倍暗视野显微镜下观察，首先找到红细胞，待血流停止后，调动微螺旋，能观察到附红细胞体附着在红细胞表面和游离在血浆中的球形、椭圆形、环形及杆形闪光虫体。在血浆中虫体能在前后、左右、上下方向进行伸展、旋转翻滚等运动。附着在红细胞表面的虫体，绝大部分在红细胞边缘的表面围成一圈，并不停地运动，使红细胞如一个摆动的齿轮，或如一个圆盘的周围嵌满了一串发光的蓝色珍珠，一个红细胞可附一至十几个虫体。被感染的红细胞失去球形立体形态，边缘不整而呈齿轮状、星芒状、不规则多边形等。血涂片染色检查用 1 000 倍油镜下观察。吉姆萨染色时附红细胞体为红色；瑞氏染色时附红细胞体为紫蓝色。20 个视野中发现附红细胞体则判为阳性，将附有虫体的红细胞占全部红细胞的 10% 以下判为“+”，10%~50% 判为“++”，50%~75% 判为“+++”，75% 以上判为“++++”。20 个视野均未见附红细胞体判为“-”。

（三）检疫后的处理

当地新发现附红细胞体病时，应立即上报疫情，严格采取封锁、隔离、扑杀等无害化处理措施。

十一、猪囊尾蚴病

本病是由猪带绦虫的幼虫——囊尾蚴寄生于肌肉组织所引起的人畜共患寄生虫病。中间宿主是猪、野猪和人，犬、猫亦可感染，终末宿主是人。当人吃进生的或未经无害化处理的含囊尾蚴虫的肉，即可在肠道中发育成绦虫，出现贫血、消瘦、腹痛、消化不良、腹泻等症状。

（一）临诊检疫要点

症状轻时，无特殊症状。重症时病猪可见眼结膜发红或有小疙瘩，舌根部见有半透明的小水疱囊。当虫体寄生于脑、眼、声带等部位时，常出现神经症状、失明和叫声嘶哑等。有的病猪肩胛肌水肿增宽，臀部隆起，外观呈哑铃状或狮子状，病猪不愿走动。

宰后检疫时见肩胛肌、咬肌、颈部肌肉、舌肌等部位肌肉部见有米粒大至黄豆大灰白色半透明囊泡，囊壁有一圆形米粒大小的头节，外观似白色的石榴粒样，或见白色泡液混浊的钙化包囊。严重感染时，全身肌肉、内脏、脑和脂肪内均能发现。

（二）实验室检疫

1. 舌肌直接检查

在舌肌可见到突出舌面的囊尾蚴，囊包米粒大小，灰白色，半透明。

2. 肌肉切开检查

切开咬肌、心肌或舌肌等，可找到囊尾蚴包囊。

3. 免疫学检查

用于囊尾蚴病的免疫学检查方法有皮内变态反应、环状沉淀反应、补体结合反应、间接血凝试验和酶联免疫吸附试验等，有助于生前诊断和鉴定。

（三）检疫后处理

（1）发现囊尾蚴和钙化虫体者，全尸作工业用或销毁。

（2）做好人的粪便处理工作，使人粪便无机会污染动物的饲料、饮水与放牧地点。

十二、旋毛虫病

旋毛虫病是由旋毛形线虫所引起的人、畜和野生动物共患的寄生虫病。几乎所有哺乳动物甚至某些昆虫都能感染，鼠类感染率最高，存在广大自然疫源。成虫寄生于小肠，幼虫寄生于全身各部肌肉。人感染旋毛虫多因食用未煮熟的含旋毛虫包囊的动物肉及肉制品所致。

（一）临诊检疫要点

动物感染后均有一定耐受性，往往无明显症状。感染严重的猪和狗，有肌肉痉挛、麻痹、运动障碍、发热，吞咽、咀嚼困难等症状；有的呈急性卡他性肠炎，严重者出现出血性腹泻，有的眼睑和四肢水肿。

猪旋毛虫多聚集在膈肌脚，宰后检疫可见被侵害的肌肉发生变性，肌纤维肿胀、横纹肌消失。

（二）实验室检疫

目前所用的方法有显微镜检查法、采样消化法、血清学方法、变态反应、旋毛虫荧光染色、激光扫描压缩标本等。但在宰后检查中，仍多利用眼观结合显微镜检查法，大批量的检疫还可以用集样消化法进行。

显微镜检查法，也称压片镜检法，其检查的步骤是：从左右横膈肌脚采取 30~50 g（不少于 30 g）的肉样两块，编上与肉尸同一号码。在充足自然光或 80 W 左右灯光下，先撕去肉样的肌膜，两手顺肌纤维方向绷紧肉样，用肉眼观察肉样有无半透明的隆起的乳白色、灰白色针尖大的小点（旋毛虫包囊）。

用弓形剪刀，从肉样顺肌纤维选剪出 24 块麦粒大小的肉粒，依次附贴于玻片上，盖上另一玻片，用力压扁（使压片展成能看到报纸上小字的程度）。然后，将压片置于 50~70 倍的低倍显微镜或投影器下观察，逐个检查 24 个肉粒压片每个视野，若看到蜷曲的虫体可判为阳性。

（三）检疫后的处理

发现有旋毛虫包囊和钙化虫体者，全尸作工业用、干性化制或销毁。

十三、棘球蚴病

棘球蚴病也称包虫病，是由棘球绦虫的幼虫——棘球蚴引起的一种人兽共患寄生虫病。牛、羊、猪、野生动物和人均可感染，但以绵羊和牛受害最重。人因为误食有棘球蚴的生肉或未煮熟的肉而感染。

（一）临诊检疫要点

绵羊、牛、猪，每年早春可见大批死亡。特征是营养障碍、消瘦、发育不良、衰弱，呼吸困难。宰后检疫可见肝、肺、脾、脑和全身组织中，包囊大小不一，小的如豆粒大小，大的如人头大小，或单个存在或成堆（簇）寄生，用手触摸稍坚硬而有波动感，与周围组织没有明显界线，常使寄生部位凹凸不平。包囊壁不透明，厚而韧，切开包囊有黄白色液体流出，液体内有许多砂粒状白色颗粒。

（二）实验室检疫

（1）流行病学调查结合病死畜剖检棘球蚴。

（2）变态反应试验。取新鲜棘球蚴囊液，无菌操作过滤，在动物颈部皮内注射0.1~0.2 mL，注射后5~10 min内观察，皮肤出现红肿、直径0.5~2 cm为阳性。迟缓型于24 h内出现反应。24~48 h还不出现反应为阴性。

（三）检疫后的处理

严重感染者，整个胴体和内脏作工业用或销毁；病变轻微者，剔除病变部分销毁，其余部分高温处理后出场。

十四、弓形虫病

弓形虫病是由刚地弓形虫寄生于人、畜、野生动物的有核细胞内，引起的原虫病。中间宿主广泛但以猪多见，猫为终末宿主。各种哺乳动物的弓形虫病都可经过胎盘、生殖道、子宫或初乳由母体传给胎儿，造成流产、死胎、畸形等。人可因接触和生食患本病动物的肉类而感染。

（一）临诊检疫

本病多发生于断乳前后的仔猪，死亡率可达30%~40%，成年猪急性发病较少，多呈隐性感染。病初体温升高到41~42℃，呈稽留热型。精神沉郁，食欲逐渐减退，最后废绝，便秘，有时下痢。呼吸困难，有时咳嗽和呕吐。体表淋巴结尤其是腹股沟淋巴结明显肿大，身体下部及耳部有淤血斑，呈紫红色；怀孕母畜可发生流产和死胎。宰后检疫时，可见全身淋巴结肿大约鸡蛋大小，硬结而脆，切面呈髓样多汁，有橘红或灰黄色坏死灶；肾皮质苍白，表面有大小不一的出血点和灰白色坏死灶；肝肿大、质脆，表面有点状出血和坏死灶（特征性病变）；肺高度充血水肿，间质扩张，色灰白；胃底部出血，有溃疡，心包、胸腹腔有积水。

（二）实验室检疫

（1）取患畜血液、腹水或肝、肺、淋巴结等病料，直接涂片或触片，姬姆萨或瑞氏染色后镜检，可看到滋养体呈半月形或香蕉形，一端稍尖，另一端钝圆，胞浆呈淡蓝色，有颗粒，核位于钝圆端，呈紫红色，即可确诊。

（2）以死亡动物肝、淋巴结悬浮液或急性病例腹水或血液，于小鼠腹腔接种，一周后取其腹水涂片，发现大量假包囊或速殖包囊即可确诊。

（3）血清学检验方法主要有血细胞凝集试验，补体结合试验、间接血凝试验、荧光抗体试验等。

（三）检疫后处理

剔除病变部分作工业用或销毁，其余部分高温处理出场。

十五、螨病

螨病（疥癣病）是由疥螨和痒螨寄生于家畜体表而引起的一种慢性寄生虫性皮肤病，以牛、羊、猪、兔多发。其特征为剧痒、湿疹性皮炎及脱毛。

（一）临诊检疫要点

（1）多种畜禽都易感，绵羊、牛等受害最严重。炎热季节发病少，病情轻，寒冷季节发病多，病情重。散发或地方流行。

（2）患病动物因患部皮肤剧痒而频频摩擦，发炎形成淡黄色痂皮，患部脱毛，皮肤粗糙肥厚。或在嘴唇周围、口角两侧部位形成白色坚硬胶皮样痂皮。随时间延长而日渐消瘦。

（二）实验室检疫

（1）初检根据流行病学、临床表现（如剧痒、形成痂皮、脱毛和日渐消瘦）等，即可初检。

（2）病原检查将病料置于载玻片上，滴加50%甘油，盖上盖玻片，搓动玻片压碎皮屑，用低倍镜检查，发现活螨，即可确检。

也可做死螨检查法，将病料装入试管，加5～10倍量的10% NaOH溶液，加热，待病料中大部分痂皮溶解后，低速离心5 min，取沉渣低倍镜检查。疥螨略呈圆形，似鳖状，长0.2～0.5 mm，体表有横纹和鳞片，颚体（口器）短，腹面有4对粗短的足。痒螨呈长圆形，长0.3～0.9 mm，颚体长，足较长，前2对比后2对粗大。

（三）检疫后处理

发现患病动物，立即隔离治疗。对同群健康动物采取全面杀虫、消毒等综合防控措施。

- **工具准备**

采血针头、采血试管、皮内注射器、皮内注射针头、布鲁氏菌水解素、5%碘酊棉球、70%酒精棉球、来苏尔或新洁尔灭 、灭菌小试管、小试管架、清洁灭菌吸管（0.2 mL、1 mL、5 mL、10 mL）、清洁玻璃板（20 cm×25 cm）、酒精灯、0.5%石炭酸生理盐水、布鲁氏菌试管凝集抗原及平板凝集抗原、全乳环状试验抗原、虎红平板凝集抗原、布鲁氏菌标准阳性血清、布鲁氏菌标准阴性血清、接种环、酒精灯、血清肝汤琼脂培养基、显微镜、常用染色液，恒温培养箱等。

- **材料准备**

毛巾，脸盆，工作服、牙签或火柴、玻璃笔等。

- **人员准备**

人员分组，每组 5 人，明确职责分工（表 3-1-1）。

表 3-1-1　任务分配

任务角色	任务内容
组长：	任务：
组员 1：	任务：
组员 2：	任务：
组员 3：	任务：
组员 4：	任务：

任务实施

根据各自实验室实际情况，采集所需病料，采用合适的检疫方法对病料进行重大动物疫病的实验室检测。

步骤一：准备阶段

（1）确定试验目标和检测方法。

（2）准备所需的材料和试剂，并进行质量检查。

步骤二：样本采集

（1）选择符合条件的动物，并遵循无菌操作规范采集样本。

（2）样本采集后应放入适当的容器，并及时送至实验室。

步骤三：样品处理与检测

（1）接收样本后，进行必要的预处理，如提取 DNA/RNA。

（2）选择合适的检测方法（如 PCR 等）对目标病原体进行检测。

步骤四：结果分析与判定

（1）对试验数据进行统计和分析。

（2）根据分析结果判定试验结果，得出结论。

步骤五：废物处理与记录保存

严格按照规定处理试验废物，确保环境安全。

保存试验记录，确保数据的完整性和可追溯性。

任务检测

二维码 3-1-1 项目三任务一

任务评价

完成表 3-1-2 工作任务完成过程评价。

表 3-1-2 工作任务完成过程评价

班级：		组别：		姓名：		
项目	评分标准	分数		自我评价	小组评价	教师评价
材料准备	服从安排，积极主动，认真负责	10 分				
采血和分离血清	方法正确，内容明确	15 分				
试管凝集反应	方法正确，内容明确	15 分				
平板凝集反应	方法正确，内容明确	15 分				
全乳环状凝集试验	方法正确，内容明确	15 分				
变态反应试验	方法正确，内容明确	15 分				
结果判定	判定准确	15 分				
合计		100 分				
自我评价与总结						
教师点评						

知识拓展

请扫描二维码 3-1-2 了解更多布鲁氏菌病和牛结核病检疫方法和注意事项。

二维码 3-1-2 布鲁氏菌病和牛结核病的检疫

任务二　猪疫病的检疫

任务导入

在当今全球化的经济背景下，猪肉及其制品的国际贸易已成为连接各国市场、促进经济发展的重要桥梁。然而，猪疫病的存在如同一道无形的屏障，不仅威胁着猪群的健康与生长，更给国际贸易的顺畅进行带来了巨大挑战。猪疫病一旦暴发，不仅会严重影响猪群的生长、繁殖能力，导致养殖业的重大经济损失，还有可能通过国际贸易的途径，跨越国界，影响全球猪业的健康与安全。因此，猪疫病的检疫工作显得尤为重要。

在本次任务中，学生需要根据所学知识掌握常见猪病的流行病学、临床症状及病理变化等鉴别检疫要点，按照教师要求的正确流程对病猪进行临床诊断和实验室检测，并提交一份翔实的检疫报告，以提高自身在生产实践中实施鉴别检疫的能力。

任务准备

- **知识准备**

一、猪瘟

猪瘟是由猪瘟病毒引起的一种高度接触性传染病。其特征为高热稽留、全身广泛性出血等变化，且传播快、病死率高。我国将其列入一类疫病，定为法定检疫对象。

（一）临诊检疫要点

（1）该病仅限于猪发病，不同品种、年龄、性别的猪均可发病，无季节性。急性暴发时，最先为急性型，发病率、死亡率都高；以后出现亚急性型，至流行后期少数为慢性型。病程稍长的猪常有继发感染。

（2）病猪体温升高到 40.5～42℃，呈高热稽留。精神沉郁，食欲减退或废绝，倦怠嗜睡，怕冷，耳、颈、尾、腹部等皮肤发绀；眼结膜潮红、肿胀，有黏性分泌物；耳、耳根后、腹下部、股内侧和四肢内侧皮肤有针尖大出血点或出血斑；病初便秘，继而腹泻，公猪阴囊内积有恶臭尿液。慢性病猪消瘦、衰弱，食欲时有时无，便秘腹泻交替出现，粪便有大量黏液、血液，腥臭异常。

（3）剖检时，可见全身淋巴结肿大，切面出血呈现红白相间的大理石样病变；肾脏灰褐色或土黄色，表面和切面有针头大小的出血点；脾不肿大，边缘呈锯齿状，暗红或紫黑色出血性梗死灶；喉头、膀胱黏膜、皮肤、皮下脂肪、肌肉、肠系膜等处均可见出血点或出血斑。慢性病例在回盲瓣、盲肠及结肠黏膜形成特征性的纽扣状溃疡。

（二）实验室检疫

采集病猪的扁桃体、脾、肾、淋巴结等组织样品，经兔体交互免疫试验、免疫酶染色试验、病毒分离与增毒试验、直接免疫荧光抗体试验、反转录-聚合酶链反应（RT-PCR）试验等可进行确诊。

（三）检疫后的处理

（1）一旦发现该病，应尽快确诊并上报疫情。立即实施封锁、隔离措施。禁止向外输出生猪及其相关物品；猪栏、用具、粪便、垫草等被污染物品用2%氢氧化钠或漂白粉消毒，在出入路口设置消毒装置。对疫区及受威胁区的假定健康猪进行紧急免疫接种。

（2）宰前发现猪瘟病猪时，病猪和同群猪均用不放血方法全部扑杀销毁，场地严格消毒。宰后检疫发现时，立即停止生产，彻底清洗、严格消毒生产场地，其胴体和内脏及其副产品销毁处理，同批产品及其副产品高温处理后出厂。

二、猪传染性水疱病

猪传染性水疱病又名猪水疱病，是一种病毒性传染病，以口和蹄部产生水疱性损伤为特征。其临诊症状不能与口蹄疫、水疱性口炎和猪水疱疹相区别。

（一）临诊检疫要点

潜伏期为2~7 d，有的可延至更长，《陆生动物卫生法典》规定为28 d。

根据病毒株、感染途径、感染量及饲养条件的不同，本病可表现为亚临床型、温和型和严重水疱型。

临床症状易与口蹄疫混淆。发病初期，猪群中有些猪突然跛行（在硬质地面上表现明显），关节疼痛，不愿站立、采食，尤以小猪感染最为严重。

病猪体温升高至42~44℃，水疱破溃后即降至正常体温。蹄冠、蹄叉、鼻盘出现水疱，口腔、舌及乳头上皮很少有水疱；水疱破溃后形成糜烂，蹄壳松动或脱落；通常发病后1周内恢复，最长不超过3周；某些毒株不引起症状或仅引起较轻微的症状。

（二）实验室检疫

在国际贸易中，指定方法有病毒中和试验，替代方法有酶联免疫吸附试验。

病原鉴定：酶联免疫吸附试验、直接补体结合试验或细胞培养分离病毒（猪源细胞培养）。

血清试验：病毒中和试验、酶联免疫吸附试验。

样品采集：虽然猪水疱病病毒比较稳定，但采样时也应和口蹄疫病毒样品一样，置于pH 7.2~7.4运输保存液中送检。

用于病毒分离应采集水疱液、水疱皮（至少1 g置pH 7.2~7.4，50%甘油PBS溶液中）、抗凝全血样品（在发热期采集）和粪样。用于血清试验应采集发病猪及同群猪的血清样品（1~2 mL）。

（三）检疫后的处理

发生疫病时，必须按《中华人民共和国动物防疫法》及有关规定处理。采取紧急、强制性的控制和扑灭措施（参照口蹄疫处理办法）。

三、猪丹毒

猪丹毒是由猪丹毒杆菌引起的一种急性、热性、人兽共患传染病，俗称“打火印”。

（一）临诊检疫要点

人工感染的潜伏期为3~5 d，短的1 d，长的可达7 d。其临床及病理学特征是：急性型呈败血症变化；亚急性型在皮肤上出现紫红色疹块；慢性型表现非化脓性关节炎、皮肤坏死和疣性心内膜炎。

1. 急性败血型

一般在个别不表现任何症状的病猪突然死亡后，其他猪相继发病。初期，个别病猪可无症状死亡。有的可出现体温升高至42℃以上，停食，呕吐，寒战，惊恐和抽搐等症状。常躺卧地上，不愿走动，行走时步态僵硬或跛行，似有疼痛。站立时背腰拱起，结膜充血，呈暗红色，眼角很少有分泌物。大便先干硬，覆有黏液，有的后期发生腹泻。发病1~2 d后，皮肤上出现红斑，其大小和形状不一，以耳、颈、背、腿外侧较多见，指压褪色。病程为2~4 d，病死率80%~90%。其特征性的病变是除具有一般败血症的病理变化外，在皮肤上还出现丹毒性红斑。全身淋巴结肿大，呈紫红色；切面隆突，湿润多汁，常伴发斑点状出血。脾脏淤血肿大，呈樱桃红色，被膜紧张，边缘钝圆，质地隆突，呈鲜红色；镜检，白髓周围红晕的本质是脾窦淤血、出血，极度扩张，内含大量红细胞，而白髓则萎缩，被数层红细胞紧紧包裹。胃、肠呈急性卡他性或出血性炎，尤以胃和十二指肠比较明显，这也是本病经常出现的重要病变之一。肾肿大（俗称“大红肾”），常见透明血栓形成和出血性肾小球肾炎变化。皮肤病变多位于耳根、颈部、背部、胸前、腹壁和四肢内侧等处，由于生前毛细血管充血而出现不规则的鲜红色充血区，即所谓丹毒性红斑。病程稍长者，则在红斑上出现浆液性水疱，水疱破裂干涸后，形成黑褐色痂皮。

2. 亚急性型（疹块型）

临床多见，通常呈良性经过，其特征是在皮肤上出现疹块。病初食欲减退、精神不振，不愿走动，体温达41℃以上，在胸、腹、背、肩及四肢外侧出现界线分明的大小不等的红色疹块，压之褪色，逐渐转成紫红色。以后结痂似龟壳样，俗称“打火印”。疹块发生后，病猪体温开始下降，病势减轻，经1~2周，部分病猪即可康复。若病情较重，长期不愈，则有部分或大部分皮肤坏死，久者则变成皮革样痂皮。当病情恶化时，也可发展为败血症而死亡，病程 7~12 d。该型病变特点是在皮肤上出现特征性疹块。疹块通常多见于颈部、背部，其他如头、耳、腹部及四肢亦可出现，但较为少见，疹块的皮肤略隆起，大小不等，多呈方形、菱形或不规则形。疹块的色泽最初呈苍白色，以后转变为鲜红色或紫红色，或呈边缘红色而中心苍白。

3. 慢性型

一般由前两型转变而来，但也有少数是原发的。慢性型常见的有浆液性纤维素关节炎、疣性心内膜炎和皮肤坏死 3 种主要病变。皮肤病变一般单独发生，而浆液性纤维素关节炎和疣性心内膜炎往往在一头猪身上同时存在。

（1）皮肤坏死。病猪食欲无明显变化，体温正常，全身衰弱，生长发育不良。其特征是背部、肩部、耳朵、蹄部和尾部形成局灶性坏死病变；主要表现为局部皮肤肿胀，隆起，坏死，结痂或形成黑色干硬的皮革样病灶。此种病变随着病情的发展，逐渐与皮下的新生组织分离，犹如在体表的一层甲壳。经 2~3 个月，坏死的皮肤脱落，遗留一片淡色无毛的疤痕。有的病猪耳壳、尾尖和蹄匣发生坏死后常脱落。当坏死累及深层时可继发感染发生败血症导致病猪死亡。慢性猪丹毒患猪因动脉炎和血栓形成，使躯体背部或四肢中的某一末梢部分皮肤发生干性坏疽而全部脱落。此外，有时也见整个耳壳或尾部脱落。

（2）浆液性纤维素性关节炎。可发生于四肢关节，多见于腕关节和跗关节，且呈多发性。有时可见到先天性感染的病猪，其四肢关节肿大，疼痛明显，站立困难，不能行走。急性期，受害关节肿胀，疼痛，僵硬，步态强拘，并发生跛行。当病猪两后肢关节发炎时，常呈犬坐姿势。急性期过后，则以关节的变性为主，病猪卧地不起，运动困难。经常与心内膜炎同时出现，主要侵害四肢关节。患病关节肿胀，关节囊内蓄有多量浆液性纤维素性渗出物，滑膜充血、水肿，关节软骨面有小糜烂。病程较久的病例，因肉芽组织增生，在滑膜上则见灰红色绒毛样物。时间长了，关节囊发生纤维性增厚，甚至使关节完全变性。

（3）疣性心内膜炎。主要表现为心跳增速，呼吸困难，可视黏膜发绀；不愿走动，强迫运动时则运行吃力，行动缓慢，偶见突然倒地死亡；听诊时有心内杂音和心律不齐等变化。后期病猪常因心脏停搏而突然倒地死亡。主要发生于二尖瓣，其次是主动脉瓣。眼观，在心瓣膜见有大量灰白色的血栓性增生物，表面高低不平，外观似花椰菜样。基底部因有肉芽组织增生，使之牢固地附着于瓣膜上而不易脱落。瓣膜上的血栓增生物常可引起瓣膜孔狭窄或闭锁不全，继而导致心肌肥大和心腔扩张等代偿性变化。若血栓一旦软化脱落，则往往使心肌、脾脏、肾脏小动脉发生阻塞而形成梗死。

（二）实验室检疫

急性型采集病猪耳静脉血，死后取心血、肝、脾、淋巴结等脏器；亚急性型取疹块边缘皮肤；慢性型取关节液和心内膜的增生物。用病料抹片，染色镜检，为革兰氏阳性细小杆菌。分离培养时，将病料接种于血琼脂，37℃培养 36~48 h，出现表面圆整光滑、呈微蓝绿色露珠状菌落。

血清学检查主要用于猪丹毒流行病学调查和鉴别诊断。血清抗体检测及免疫效果评价可用血清培养凝集试验；细菌的鉴别和菌株分型可用 SPA 协同凝集试验、琼脂扩散试验；荧光抗体可直接检查病料中的细菌，可用于快速诊断。

（三）检疫后的处理

发生猪丹毒后，应立即对全群猪测温，病猪隔离治疗，死猪深埋或烧毁。与病猪同群的未发病猪，用青霉素进行药物预防，待疫情扑灭和停药后，进行一次大消毒，并注射菌苗，巩固防疫效果。对慢性病猪及早淘汰，以减少经济损失，防止带菌传播。

四、高致病性猪链球菌病

猪链球菌病是由溶血性链球菌引起的人兽共患病，不同年龄、品种和性别的猪均易感。病猪和带菌猪是本病的主要传染源，本病主要经消化道、呼吸道和损伤的皮肤感染。一年四季均可发生，夏秋季多发。呈地方性流行，新疫区可呈暴发流行，发病率和死亡率较高。老疫区多呈散发，发病率和死亡率较低。

（一）临诊检疫要点

1. 败血型

分为最急性、急性和慢性三种类型。最急性型病例发病急、病程短，常无任何症状即突然死亡。体温高达 41～43℃，呼吸迫促，多在 24 h 内死于败血症。急性型多突然发病，体温高达 40～43℃，呈稽留热。呼吸迫促，鼻镜干燥，从鼻腔中流出浆液性或脓性分泌物。结膜潮红，流泪。颈部、耳廓、腹下及四肢下端皮肤呈紫红色，并有出血点，多在 1～3 d 死亡。慢性型表现为多发性关节炎。关节肿胀，跛行或瘫痪，最后因衰弱、麻痹而死。

剖检可见鼻黏膜紫红色，喉头、气管充血，常有大量泡沫，肺充血肿胀；肝脏和全身淋巴结肿大、充血和出血，脾肿大 1～3 倍，暗红色，边缘有黑红色出血性梗死区；胃和小肠黏膜充血和出血；脑膜充血和出血，有的脑切面可见针尖大的出血点。

2. 脑膜炎型

多见于仔猪，主要表现为神经症状，如磨牙、口吐白沫、转圈运动、抽搐、倒地四肢划动似游泳状，最后麻痹而死。病程短的几小时，长的 1～5 d，致死率极高。主要病变有脑膜充血、出血，个别脑膜下积液，脑组织切面有点状出血，其他病变与败血型相同。

3. 淋巴结脓肿型

以颌下、咽部、颈部等处淋巴结化脓和形成脓肿为特征。关节腔内有黄色胶冻样或纤维素性、脓性渗出物，淋巴结脓肿。有些病例心瓣膜上有菜花样赘生物。

（二）实验室检疫

采取病变组织触片或血液涂片，可见革兰氏阳性球形或卵圆形细菌，无芽孢，有的可形成荚膜，常呈单个、双链的细菌，偶见短链排列。

将病料接种在血液琼脂平板上，37℃培养 24 h，形成无色露珠状细小菌落，周围有溶血现象。镜检可见长短不一链状排列的细菌。

必要时用 PCR 方法进行菌型鉴定。

（三）检疫后的处理

（1）发现疑似猪链球菌病疫情时，当地动物卫生监督机构要及时派人员到现场进行流行病学调查、临诊症状检查，迅速确诊，并立即采取隔离、限制移动等防控措施。

（2）当确诊发生猪链球菌病程流行态势时，应迅速上报疫情，划定疫点，疫区（疫点半径 1 km 范围内）、受威胁区（疫区外顺延 3 km 区域），对疫区实施封锁。对病猪及同群猪进行扑杀销毁，其排泄物、可能被污染饲料、污水等按有关规定进行无害化处理；对被污染的物品、交通工具、用具、畜舍进行严格彻底消毒。对假定健康动物立即进行强制免疫接种或用药物预防，并隔离观察 14 d。经当地动物卫生监督机构审验合格，由当地兽医行政管理部门向原发布封锁令的同级人民政府申请解除封锁。

五、猪细小病毒病

猪细小病毒病又称猪繁殖障碍病。是由猪细小病毒引起的一种猪的繁殖障碍病。以怀孕母猪发生流产、死产、产木乃伊胎为特征。

（一）临诊检疫要点

怀孕母猪出现繁殖障碍，如流产、死胎、产木乃伊胎、产后久配不孕等。其他猪感染后不表现明显的临床症状。

猪群暴发此病时常与产木乃伊胎、窝仔数减少、母猪难产和重复配种等临床表现有关。在怀孕早期 30~50 d 感染，胚胎死亡或被吸收，使母猪不孕和不规则地反复发情。

怀孕中期 50~60 d 感染，胎儿死亡之后，形成木乃伊胎，怀孕后期 60~70 d 以上的胎儿有自体免疫能力，能够抵抗病毒感染，则大多数胎儿能存活下来，但可长期带毒。

（二）实验室检疫

1. 病原分离

取流产胎儿、死产仔猪的肾等材料处理后接种细胞进行病毒分离。

2. 病原鉴定

免疫荧光试验、PCR 诊断试验、分子杂交试验。

3. 病毒抗原的检查

（1）猪细小病毒（PPV）荧光抗体直接染色法。在荧光显微镜下观察，若发现接种的细胞片中细胞核不着染，即可确诊。

（2）PPV 酶标抗体直接染色法。在普通生物显微镜下观察染色情况，若未接种 PPV 的正常对照细胞片中细胞核无棕色着染现象，而接种的 PPV 的细胞片中细胞核着染，即可确诊。

（3）PPV 血凝试验。若发现稀释后的样品有凝集红细胞的现象，而正常 PBS 红细胞对照无自凝现象，则可认为样品可疑还需用特异性的 PPV 标准阳性血清作血凝抑制试验，如能抑制样品的血凝现象，即可确诊 PPV。

4. 血清学检查

血凝和血凝抑制试验最为常用。PPV 血清中和试验、酶联免疫吸附试验、免疫荧光试验。

5. 病料采集

取流产胎儿、死产仔猪的肾、睾丸、肺、肝、肠系膜淋巴结或母猪胎盘、阴道分泌物，制成无菌悬液，备用。

（三）检疫后的处理

发生疫情时，首先应隔离疑似发病动物，尽快确诊，划定疫区，进行封锁，制订扑灭措施。做好全场特别是污染猪舍的彻底消毒和清洗。病死动物的尸体、粪便及其他废弃物应进行深埋或高温消毒处理。

六、高致病性猪繁殖与呼吸综合征（蓝耳病）

高致病性猪繁殖与呼吸综合征是由猪繁殖与呼吸综合征病毒引起的一种猪的高度接触性传染病，不同年龄、品种和性别的猪均能感染，但以妊娠母猪和 1 月龄以内的仔猪更易感染；该病以母猪流产、死胎、弱胎、木乃伊胎以及仔猪呼吸困难、败血征、高死亡率为主要特征。

（一）临诊检疫要点

病猪精神沉郁，采食量下降，发病严重者，食欲废绝，嗜睡、呕吐、腹泻、流鼻涕、呼吸困难。病死猪全身出血，身体部分地方表皮、肢体远端出血，有的四肢、耳尖出血最为严重；有的臀部、腹部、后肢皮肤出血严重，有的耳朵、四肢远心端出现黄豆大小纽扣状坏死；耳朵出血，有的呈现蓝色；有的出现紫斑。起初个别猪只出现发烧，随后迅速传播至大部分猪，体温升高至 40~41.5℃，个别猪出现突然死亡；病猪呼吸困难，喜伏卧，部分猪出现严重的腹式呼吸，气喘急促，有的表现喘气或呈不规则呼吸；部分病猪流鼻涕，打喷嚏，咳嗽，眼分泌物增多，出现结膜炎症状；部分猪伴有腹泻。病猪耳朵边缘发绀、腹下和四肢末端等身体多处皮肤有斑块状、呈紫红色，多数发病猪在腿部有小型扣状的溃疡或结痂。发病猪群死亡率很高，有的猪场高达 50%以上，其中以保育肥猪最为严重。部分母猪在怀孕后期（100~110 d）出现流产、死胎。病程稍长的病猪全身苍白，出现贫血现象，被毛粗乱，部分病猪后肢无力，个别病猪濒死期不能站立，最后全身抽搐而死。

剖检变化为淋巴结出血。所有猪只的淋巴结都有出血的症状，有的腹股沟淋巴结、肠系膜淋巴结出血严重；有的腹股沟淋巴结只是肿大，无出血现象；但是所有猪的肺门淋巴结出血，大理石外观为本病的特征之一。

有的病死猪心壁上有出血点，甚至形成片状；在心脏的冠状沟处可能出现胶冻样坏死，实验室感染发病时间较长的病例，心脏质硬。肝变化不明显，少数猪肝表面有纤维素性渗出物，在肝表面布满白色、圆形的荚膜；肝表面可能出现针尖大小的出血点；胆囊充盈。有的病猪脾肿大、质脆；脾边缘出血。肾肿大、出血，急性型死亡的病例，可见到肾脏上布满大小不一的、弥散形的出血点，呈现雀斑肾。胃肠道出血，大肠壁有出血点、出血块。多数发病猪的胃黏膜层发生不同程度的溃疡，有的胃黏膜几乎全部脱落，在胃黏膜脱落处充血、出血严重，大部分猪在幽门部有大小不一的干酪样痂状物质。部分猪只的大肠浆膜出血严重，肠系膜出血，肠系膜淋巴结充血、肿大出血。弥散性间质肺炎，肺肿大、硬变；肺边缘发生弥散性出血，有类似于支原体肺炎的症状，在心叶和尖叶上出现肉样变和出血现象；有的肋面和膈面上有较多的棕红色出血灶，出血灶大小不一，有的大如核桃，有的只有针尖大小；有的发生萎缩，苍白色，缺乏弹性，部分肺有硬块。

（1）最急性型。肺肿胀，切面外翻，肉眼可以观察到间质增宽；无论在肺的肋面和腹面，均可以见到从针尖大小到核桃大小不一的棕色或暗红色的出血点或出血块，心叶和尖叶可以见肉样变，不过肺脏的弹性较好。

（2）急性型。从发病到死亡时间较长的病例，肺的变化较为明显，肺的弹性减弱，出血点或出血块呈现暗红，略显陈旧，发生肉样变的区域明显增多。

（3）亚急性型。从发病到死亡时间更长的病例，肺的变化更明显，肺的颜色变白，肺几乎没有弹性，大部分地区肺泡塌陷、萎缩，有的地方出现块状凸起，触之较硬。剖检时在一些病例的内脏器官中发现有线虫等寄生虫存在。

（二）实验室检疫

根据该病的流行病学与临床症状，可以初步做出诊断。如果需要确诊，必须经实验室诊断，诊断的方法有病毒分离、分子生物学诊断和基于血清学试验的免疫过氧化物酶细胞单层测定法（IPMA）、中和试验（SNO）、酶联免疫吸附试验（ELISA）、间接免疫荧光试验（ILFT）等进行诊断。

（三）检疫后的处理

（1）疑似疫情的处置，对发病养殖场实施隔离、监控，禁止生猪及其产品和有关物品移动，并对其内外环境实施严格的消毒措施。对病死猪、污染物或可疑污染物进行无害化处理。必要时，对发病猪和同群猪进行扑杀并作无害化处理。

（2）确认疫情的处置，由所在地县级以上兽医行政管理部门划定疫点、疫区、受威胁区。由当地兽医行政管理部门向当地县级以上人民政府申请发布封锁令，对疫区实施封锁。在疫区周围设置警示标志；在出入疫区的交通路口设置动物检疫消毒站，对出入的车辆和有关物品进行消毒；关闭生猪交易市场，禁止生猪及其产品运出疫区。必要时，经省级人民政府批准，可设立临时监督检查站，执行监督检查任务。疫点应采取措施扑杀所有病猪和同群猪；对病死猪、排泄物、被污染饲料、垫料、污水等进行无害化处理；对被污染的物品、交通工具、用具、猪舍、场地等进行彻底消毒。疫区应采取对被污染的物品、交通工具、用具、猪舍、场地等进行彻底消毒；对所有生猪用高致病性猪蓝耳病灭活疫苗进行紧急强化免疫，并加强疫情监测。受威胁区应采取对所有生猪用高致病性猪蓝耳病灭活疫苗进行紧急强化免疫，并加强疫情监测。疫区内最后一头病猪扑杀或死亡后 14 d 以上，未出现新的疫情，在当地动物疫控机构的监督指导下，对相关场所和物品实施终末消毒。经当地动物疫控机构审验合格，由当地兽医行政管理部门提出申请，由原发布封锁令的人民政府宣布解除封锁。

七、猪气喘病

猪气喘病或猪喘气病，是猪的一种直接接触、慢性呼吸道传染病，发病率高，本病在世界范围内广泛流行。病原为猪肺炎支原体，主要通过鼻腔接触和空气传播，在猪群密集、通风不良的条件下有利于本病的传播。主要症状为咳嗽和气喘，特征性的病变是在肺的尖叶、心叶、膈叶的尖端及中间叶呈现肉样或肝样病变。本病以慢性病例多见。

（一）临诊检疫要点

临床症状主要以咳嗽、喘气为主。发病早期，病猪体温、食欲、精神无大的变化，主要是干咳，多发生在早晚采食或运动时。随病情的发展，咳嗽次数增多，呈连续的痉挛性湿咳，咳嗽时病猪呆立一旁弓背、垂头，直到咳出呼吸道的分泌物或咽下为止。随着病程的延长，病猪咳嗽声长而弱，咳嗽次数减少，喘气加重，呼吸急促、明显呈腹式呼吸，有时呈犬坐姿势，张口呼气，呼吸频率加快，表情痛苦，鼻流脓性鼻汁，口流白沫，严重者趴伏在地，精神沉郁，食欲减退。

病变首先发生在肺心叶，呈粟粒至绿豆大小，然后逐渐扩展到尖叶、中间叶及膈叶前下缘，形成融合性支气管肺炎，两侧病变大致对称。病变部肿大，呈淡红色或灰红色半透明状，界线明显，像鲜嫩的肌肉样变，病程延长加重呈“虾肉样”对称性实变。肺门淋巴结肿大、增生。如继发细菌感染，可引起肺粘连，肺和胸膜的纤维素性、化脓性和坏死性病变。

（二）实验室检疫

对早期的病猪和隐性病猪进行 X 射线检查，可以达到早期诊断的目的，常用于分隔病猪和健康猪，以培育健康猪群，但是此法需要一定的设备，比较费力。我国研究成功的血清学诊断方法虽然有许多种，但是至今尚无一种方法纳入常规诊断，仍停留在实验室应用阶段。应用较多的是凝集试验和琼脂扩散试验，主要用于猪群检疫。

八、猪痢疾

猪痢疾是由密螺旋体引起的一种危害严重的猪肠道传染病。其特征为大肠黏膜发生卡他性出血性炎，进而发展为纤维素性坏死性炎。主要症状为黏液性或黏液出血性下痢。该病可使病猪死亡，生长发育受阻，饲料利用率降低，给养猪业带来巨大的经济损失。

（一）临诊检疫要点

本病潜伏期为 2 d 至 3 个月，平均为 1~2 周。以腹泻，粪便呈粥样或水样，内含黏液、黏膜或血液为特征。有体温升高和腹痛现象。病程长的还表现脱水、消瘦和共济失调。根据病程长短可分急性、亚急性和慢性三型。

暴发初期多呈急性型，随后以亚急性和慢性为主，最急性突然死亡。急性病猪体温高达 40~40.5℃，食欲减少。腹泻，开始排黄色至灰色的软便，再排含有大量黏液带血丝的稀便，后排水样便，并含有血液、黏液和白色黏性纤维素性渗出物的碎片。病猪拱背，有时呈现腹痛症状。病猪脱水、衰弱、消瘦。血液黏稠，白细胞数增加，嗜中性粒细胞核左移。大肠出血，严重的发生贫血。亚急性和慢性病情较轻，下痢、粪便带黏液和血液，病程长者进行性消瘦，病死率低，生长发育不良。

（二）实验室检疫

1. 病原检查

（1）直接镜检法。用棉拭子采集猪大肠黏膜或血样粪便抹片染色镜检或暗视野或相差显微镜检查，本法对急性后期、慢性隐性及用药后的病例，检出率低。

（2）培养分离鉴定。选择性培养基培养，镜检或进一步做肠致病性试验和血清学试验进行鉴定。

2. 血清学检查

凝集试验（试管法、玻片法、微量凝集、炭凝集）、免疫荧光试验、间接血凝试验、酶联免疫吸附试验，其中凝集试验和酶联免疫吸附试验具有较好应用价值。

（三）检疫后的处理

检疫中发现猪痢疾时，严禁调运，采取隔离、药物治疗等综合措施进行控制。全部猪一律育肥后屠宰，污染的环境应彻底消毒。

除上述疫病外，其他疫病特征及检疫要点扫描二维码 3-2-1 进行学习。

二维码 3-2-1 猪疫病检疫补充内容

- **工具准备**

采血针头、采血试管、皮内注射器、皮内注射针头、布鲁氏菌水解素、5%碘酊棉球、70% 酒精棉球、来苏儿或新洁尔灭、灭菌小试管、小试管架、清洁灭菌吸管（0.2 mL、1 mL、5 mL、10 mL）、清洁玻璃板（20 cm×25 cm）、酒精灯、0.5%石炭酸生理盐水、布鲁氏菌试管凝集抗原及平板凝集抗原、全乳环状试验抗原、虎红平板凝集抗原、布鲁氏菌标准阳性血清、布鲁氏菌标准阴性血清、接种环、酒精灯、血清肝汤琼脂培养基、显微镜、常用染色液、恒温培养箱等。

- **材料准备**

毛巾、脸盆、工作服、牙签或火柴、玻璃笔等。

- **人员准备**

人员分组，每组 5 人，明确职责分工（表 3-2-1）。

表 3-2-1　任务分配

任务角色	任务内容
组长：	任务：
组员 1：	任务：
组员 2：	任务：
组员 3：	任务：
组员 4：	任务：

任务实施

请学生结合所学内容，根据实习现场的具体情况，判断并检测猪所患疫病的种类。

步骤一：临床检查

（1）观察猪只的外观、皮肤、黏膜、粪便等，注意是否有异常症状。

（2）特别注意淋巴结、肺部、肝等内脏器官的状态。

步骤二：流行病学调查

（1）了解猪场的饲养管理、疫苗接种、引进的新猪等情况。

（2）调查周围地区是否有类似病例。

步骤三：实验室检测

（1）根据临床症状和流行病学调查，选择适当的实验室检测方法，如血清学检测、病原学检测等。

（2）确定病原体的种类和数量。

步骤四：综合判断

（1）结合临床检查、流行病学调查和实验室检测的结果，判断猪是否患有疫病。

（2）排除其他可能的干扰因素。

步骤五：防控措施

（1）一旦确诊，立即采取隔离、治疗、消毒等防控措施。

（2）加强猪场饲养管理，提高猪只免疫力。

任务检测

请扫描二维码 3-2-2 进行答题。

二维码 3-2-2　项目三任务二检测

任务评价

完成表 3-2-2 工作任务完成过程评价。

表 3-2-2　工作任务完成过程评价

班级：		组别：		姓名：		
项目	评分标准	分数	自我评价	小组评价	教师评价	
材料准备	服从安排，积极主动，认真负责	10 分				
临诊检疫	方法正确，内容明确	20 分				
尸体剖检	方法正确，内容明确	20 分				
直接荧光抗体检查	方法正确，内容明确	20 分				
酶标抗体检查	方法正确，内容明确	20 分				
结果判定	判定准确	10 分				
合计		100 分				
自我评价与总结						
教师点评						

任务三　牛、羊疫病的检疫

任务导入

近日，一群山羊在 4 d 内相继出现了异常症状，发病率高达 63%。经初步临床检查，发现病羊普遍表现为高热，体温持续在41℃以上，形成典型的稽留热型。发病初期，山羊精神不振，食欲减退，鼻镜干燥，口鼻流出黏液脓性分泌物，并伴随恶臭气体的呼出。口腔黏膜和齿龈出现充血现象。随着病程的延长，山羊开始大量流涎，并在齿龈、舌、唇内侧、腭、颊部及乳头等部位出现坏死性病灶。病情进一步恶化时，山羊常出现带血的水样腹泻，导致严重脱水、消瘦，并伴有咳嗽、胸部啰音以及腹式呼吸的症状。在临死前，山羊的体温会明显下降。

根据上述内容，请学生结合所学的动物医学知识，分析并诊断这群山羊所患的疾病。在确诊后，请学生写出该种疫病检疫后的正确处理措施。

任务准备

- **知识准备**

一、流行热

牛流行热又称三日热或暂时热，是由病毒引起的一种牛急性热性传染病，其临床特征为突发高热、流泪、有泡沫样流涎，鼻漏，呼吸急迫，后躯僵硬，跛行，一般取良性经过，发病率高，病死率低。

（一）临诊检疫要点

潜伏期3~7 d。发病前有恶寒战栗，但不易发觉。突发高热，维持2~3 d。皮温不均，鼻镜干而热，反刍停止。全身的肌肉和四肢关节疼痛，步态僵硬，故名“僵直病”。高热时，呼吸促迫，病牛发出哼哼声。病牛流泪、畏光、眼结膜充血、眼睑水肿。多数病牛鼻炎性分泌物呈线状，随后变为黏性鼻涕。口腔发炎、流涎，口角有泡沫。有的便秘或腹泻。发热期尿量减少，尿液呈暗褐色，混浊，妊娠母牛可发生流产、死胎、泌乳量下降或停止。多数病例为良性经过。病程3~4 d，很快恢复。少数严重者可于1~3 d内死亡，但病死率一般不超过1%。有的病例常因跛行或瘫痪而淘汰。

急性死亡的自然病例，可见有明显的肺间质气肿，还有一些牛可有肺充血与肺水肿。肺气肿的肺高度膨隆，间质增宽，内有气泡，压迫肺呈捻发音。肺水肿病例胸腔积有多量暗紫红色液，两侧肺肿胀，间质增宽，内有胶冻样浸润，肺切面流出大量暗紫红色液体，气管内积有多量的泡沫状黏液。淋巴结充血、肿胀和出血。实质器官浑浊肿胀。真胃、小肠和盲肠呈卡他性炎症和渗出性出血。

（二）实验室检疫

确诊本病还要作病原分离鉴定，或用中和试验、补体结合试验、琼脂扩散试验、免疫荧光法、酶联免疫吸附试验等进行检验。必要时采取病牛全血，用易感牛作交叉保护试验。在诊断本病时，要注意与牛病毒性腹泻/黏膜病、牛传染性鼻气管炎等相区别。

（三）检疫后的处理

检疫中发现牛流行热时，应立即停止调运，迅速采取隔离措施并治疗患病动物，封锁疫区以及通报联防等紧急防控措施。

二、牛白血病

牛白血病是由牛白血病病毒引起的一种牛慢性肿瘤性疾病。其特征为淋巴样细胞恶性增生，进行性恶病质，病死率高。

（一）临诊检疫要点

本病主要发生于成年牛。发病后，大多数不呈现症状，只在血液中出现牛白血病抗体。呈现症状的病牛，突出的表现是体表淋巴结肿大（即发生淋巴瘤），直肠检查也可摸到肿大的内脏淋巴结。病牛体重减轻，生长缓慢，黏膜苍白。侵害心脏时，心动过速，心音异常。瘤块压迫时，可导致呼吸困难，吞咽障碍，眼球突出，或者跛行。

（二）实验室检疫

（1）活体组织切片发现肿瘤细胞，即可确检。肿瘤细胞核异常，最明显的变化是多倍体性染色体异常。

（2）血清学检查 琼脂扩散试验是目前常用的确检方法之一。也可根据检疫条件选用补体结合试验、中和试验、ELISA、荧光抗体试验或放射免疫技术等做出确诊。

（三）检疫后的处理

检疫中发现牛白血病时，应立即隔离感染牛，淘汰病牛。同时，采取消毒、驱除吸血昆虫和加强饲养管理等措施，以保护健康牛。

三、牛病毒性腹泻/黏膜病

牛病毒性腹泻/黏膜病是由牛病毒性腹泻病毒引起牛的一种传染病。其特征为黏膜发炎、糜烂、坏死和腹泻。

（一）临诊检疫要点

1. 急性型

病牛突然发病，体温升高到40~42℃，患病动物精神沉郁，厌食，鼻、眼有浆液性分泌物，可能有鼻镜及口腔黏膜表面糜烂，舌面上皮坏死，流涎增多，呼气恶臭。通常在口腔内病变之后发生严重腹泻，开始为水样泻，以后带有黏液和血。有些病牛常有蹄叶炎及趾间皮肤糜烂坏死，从而导致跛行。

2. 慢性型

少有明显的发热症状，鼻镜糜烂，眼有浆液分泌物。门齿齿龈通常发红，跛行是最明显的症状，皮肤常常还会呈现皮屑状。

（二）实验室检疫

1. 分离培养

取急性发热期病牛血液、鼻液、尿或尸体的脾脏、肠系膜淋巴结为病料，接种于牛胎肾、睾丸、脾、气管等细胞，进行细胞培养，然后做新城疫病毒强化试验，或做生长干扰试验以确诊。

2. 血清学试验

荧光抗体试验，特异性高、快速灵敏。中和试验，可用已知血清检测病料中的抗原，中和后做细胞培养或荧光抗体试验。中和试验也可以用已知病毒检测病牛血清，病后 2~4 周的血清较病初血清抗体滴度增高者为阳性。

另外，还有补体结合试验、琼脂扩散试验等，因敏感性较差而少用。

（三）检疫后的处理

在检疫中发现牛病毒性腹泻/黏膜病时，应立即隔离、消毒并采取防控措施。

四、蓝舌病

蓝舌病是反刍兽的一种虫媒性传染病，由蓝舌病病毒引起。其特征为发热、消瘦、舌色青紫，口鼻及肠道黏膜溃疡和跛行。

（一）临诊检疫要点

（1）主要发生于绵羊。1 岁左右的羊最易感，哺乳羔羊有一定的抵抗力。牛和山羊易感性差。库蠓属和伊蚊属的蚊虫是本病的生物学性传播媒介。在夏秋季节低洼潮湿地带，多见这类吸血昆虫活跃流行。发病率 30%~40%，死亡率 2%~30%，有时可达 90%。牛与山羊感染后多呈隐性经过。

（2）潜伏期 3~8 d，高热稽留（体温高达 40.5~41.5℃）、厌食流涎。双唇水肿并可蔓延至头、面和耳部。口、舌呈青紫色。口腔和鼻腔黏膜糜烂，吞咽困难，呼吸有鼾声。往往因蹄冠发炎而出现跛行。早期白细胞减少。

（3）消化道、呼吸道黏膜尤其是口腔、瘤胃和真胃黏膜出血、水肿、溃疡、坏死、腐落。皮肤出血，蹄冠充血或出血。

（二）实验室检疫

确定检疫必须采取高热期血液，死后从淋巴结和脾脏取材，接种绵羊、鸡胚、乳鼠或组织细胞，进行分离培养。分离病毒后用血清学方法鉴定。血清学试验的方法有中和试验、补体结合试验、琼脂扩散试验、荧光抗体试验。病初与病后 35~45 d 的双份血清中和抗体滴度增高 4 倍以上者为阳性。

（三）检疫处理

检疫中发现蓝舌病时，应立即上报疫情，扑杀患病动物，划区封锁，严格消毒，药物驱虫。牛、羊群进行紧急免疫接种，把疫情消灭在发病区域。

五、日本血吸虫病

日本血吸虫病是由日本血吸虫引起的人和多种动物感染的共患寄生虫病。其特征为贫血、腹泻、消瘦。

（一）临诊检疫要点

本病多发生在我国南方各省有中间宿主钉螺分布的地区，呈地方流行性，夏秋季多见。病牛表现食欲不振、精神委顿、行动缓慢、消瘦、腹泻和黏血便、体温升高，黏膜苍白，常衰竭而死。母牛流产或不孕，产奶量下降。一般是黄牛比水牛症状明显，小牛比大牛症状明显。妊娠期感染本病时，生出的胎儿多死亡，存活者往往成为“侏儒”。

（二）实验室检疫

1. 毛蚴孵化法

包括三角瓶沉淀孵化法和顶管孵化法。采取粪便孵化，发现毛蚴判为阳性。

2. 水洗沉淀集卵镜检

将可疑患病动物粪便反复水洗沉淀，取沉淀物镜检，日本血吸虫卵：椭圆形，黄褐色，一端有小棘，内含毛蚴。粪便中虫卵少的患病动物易漏检，沉淀集卵阴性时，可将全部粪渣作孵化。

3. 血清学检查

有环状沉淀试验、补体结合试验、免疫电泳等。

（三）检疫后的处理

确诊为日本血吸虫病时，应采取治疗患病动物，消灭钉螺，粪便发酵等措施控制流行。

六、牛、羊常见疫病的鉴别检疫

（一）牛、羊口腔黏膜有病变的急性疫病鉴别检疫要点

在牛、羊疫病检疫中，口腔黏膜有病变的急性疫病主要有口蹄疫、黏膜病、牛瘟、恶性卡他热、蓝舌病。

1. 初步鉴别

在牛、羊疫病检疫中，口腔黏膜有病变的急性疫病的初步鉴别指标见表3-3-1。

表 3-3-1　牛、羊口腔黏膜有病变的急性疫病初步鉴别

传染性/发病经过	发病动物	疾病名称
呈接触性传染，良性经过	牛、羊都发生	口蹄疫
	临床见于牛	黏膜病
呈接触性传染，恶性经过	发生于牛	牛瘟
非接触性传染	主要发生于牛	恶性卡他热
	主要发生于绵羊	蓝舌病

2. 鉴别检疫要点

（1）口蹄疫。病初体温升高，水疱形成破溃后降至常温。口黏膜、蹄部和乳房皮肤上出现水疱并由水疱发展成边缘整齐的烂斑。

（2）黏膜病。发热，咳嗽。口、鼻黏膜的烂斑散在、不规则、小而浅。急性病例有持续性或间歇性腹泻。慢性病例有球节红肿、蹄叶发炎、跛行。

（3）牛瘟。发热症状很明显，口腔黏膜无水疱但有结节、假膜和溃疡，溃疡边缘不整齐，乳房及蹄部无病变。

（4）恶性卡他热。高热稽留，结膜发炎，角膜混浊。口、鼻黏膜有糜烂或溃疡。口腔和蹄部无水疱。

（5）蓝舌病。高热稽留。口黏膜和唇、颊部黏膜有坏死溃疡，但无水疱。双唇水肿明显，有时蹄部发炎。

（二）牛以高热、贫血、黄疸为主的疫病鉴别检疫要点

牛疫病检疫中，以高热、贫血、黄疸为主的疫病，主要有牛钩端螺旋体病、牛梨形虫病和牛泰勒虫病。

1. 初步鉴别

在牛的检疫中，以高热、贫血、黄疸为主的疫病的初步鉴别指标见表 3-3-2。

表 3-3-2　牛以高热、贫血、黄疸为主的疫病初步鉴别

皮肤呈现特征	体表淋巴呈现特征	疫病名称
皮肤有坏死	—	钩端螺旋体病
皮肤无坏死	体表淋巴结肿大	牛泰勒虫病
	体表淋巴结不肿大	牛梨形虫病

2. 鉴别检疫要点

（1）牛钩端螺旋体病。病初发热有血尿。镜检血液中无寄生虫。脾脏不肿大。

（2）牛泰勒虫病。眼结膜有出血点。肩前淋巴结显著肿大。皮肤有出血点，无血红蛋白尿。镜检淋巴液有石榴体。真胃黏膜有出血斑和溃疡斑。肝、脾肿大。

（3）牛梨形虫病。有血红蛋白尿，呈棕红至黑红色。肩前淋巴结不肿大。真胃黏膜小点出血，脾、肝肿大。尸僵明显，血凝不全。

（三）牛伴有急性水肿的疫病鉴别检疫要点

牛疫病检疫中，伴有水肿的急性疫病，主要有牛炭疽、牛出败（其中牛水肿型巴氏杆菌病）、牛恶性水肿、牛气肿疽。

1. 初步鉴别

在牛疫病检疫中，牛伴有急性水肿的疫病的初步鉴别指标见表 3-3-3 所示。

表 3-3-3 牛伴有急性水肿的疫病初步鉴别

水肿部是否有捻发音	水肿发生部位	疫病名称
有	伴发于分娩或深创	牛恶性水肿
	与创伤、分娩无关	牛气肿疽
无	多发生于颈胸部	牛炭疽
	多发生于头颈下颌	牛出败

2. 鉴别检疫要点

（1）牛炭疽。高热，可视黏膜发绀或小点出血，肌肉震颤，天然孔出血，血液凝固不良呈煤焦油状，脾肿大变软。

（2）牛出血性败血症（其中牛水肿型巴氏杆菌病）。皮肤黏膜均发绀，舌及周围组织高度肿胀，常伸舌于齿外。血液凝固，脾脏变化不明显。

（3）牛气肿疽。臀、腰、肩、颈、上腿等肌肉丰满的部位发生气性炎性肿胀。肿胀局部皮肤干硬暗红，有跛行。

（4）牛恶性水肿。阴门及创伤周围气性炎性水肿。

（四）羔羊以腹泻为主的疫病鉴别检疫要点

羔羊检疫中，以腹泻症状为主的疫病主要有羔羊副伤寒、轮状病毒腹泻、羔羊球虫病、羔羊莫尼茨绦虫病、羔羊大肠杆菌病、羔羊痢疾等。

1. 初步鉴别

在羔羊检疫中，以腹泻症状为主的疫病的初步鉴别指标见表 3-3-4。

表 3-3-4 羔羊以腹泻为主的疫病的初步鉴别

发生群体	腹泻表现	疫病名称
多发生于 4 日龄内的羔羊	血便	羔羊副伤寒
	稀便	轮状病毒腹泻
多发生在 4 日龄以上的羔羊	血便	羔羊痢疾
	稀便	羔羊大肠杆菌病
发生于 30~45 日龄的羔羊	血便	羔羊球虫病
	稀便	羔羊莫尼茨绦虫病

2. 鉴别检疫要点

（1）羔羊大肠杆菌病。病初呈黄色稀便，继而呈浅黄色黏液状，甚至乳白色稀便。以后发生水样泻，迅速脱水，昏迷。小肠黏膜有卡他性炎症。病料涂片染色镜检可见大量的大肠杆菌。

（2）羔羊痢疾。迅速发生血性泻痢。腹痛明显，病羔羊呻吟。小肠黏膜严重出血，有溃疡。镜检可见魏氏梭菌。

（3）羔羊副伤寒。先腹泻，继而出现血性下痢。病羔羊磨牙、鸣叫。肠遭严重充血、出血。镜检见有沙门菌。

（4）轮状病毒腹泻。病初有黄色、浅黄色、草绿色带黏液的稀便，继而出现水样泻，迅速脱水。有肠卡他。其他症状不明显，死亡率低。

（5）羔羊球虫病。呈血性下痢，粪便稀臭。小肠黏膜有卡他性出血性炎症，黏膜上有灰白色小结节如粟粒至豌豆大。镜检肠黏膜刮取物和结节病灶内容物，可见球虫。

（6）羔羊莫尼茨绦虫病。患病羔羊腹泻，其中可见绦虫节片。小肠黏膜呈卡他性炎症。

- **工具准备**

保温箱、酒精棉、注射器、针头、平皿、离心管、自封袋、胶布、封口膜、封条、冰袋。

- **材料准备**

防护服、口罩、帽子、手套、胶鞋等。

- **人员准备**

人员分组，每组 5 人，明确职责分工（表 3-3-5）。

表 3-3-5　任务分配

任务角色	任务内容
组长：	任务：
组员 1：	任务：
组员 2：	任务：
组员 3：	任务：
组员 4：	任务：

任务实施

根据任务导入内容，一旦确诊山羊所患的疾病，应立即采取相应处理措施，以确保疾病得到有效控制，减少损失，并防止疫情扩散。

步骤一：隔离患病山羊

立即将患病山羊与健康羊群隔离，隔离舍应保持良好的卫生条件。

步骤二：治疗与护理

确诊后制订治疗方案，使用适当药物，提供充足营养支持，加强护理。

步骤三：环境消毒

对隔离舍、饲养用具等进行彻底清洁和消毒，定期更换饮水，保持水源清洁。

步骤四：预防接种

对健康山羊进行预防接种，提高群体免疫力。

步骤五：疫情监测与报告

加强疫情监测，及时发现并处理新发病例，疫情严重或无法控制时，及时报告动物卫生监督部门。

步骤六：加强饲养管理

确保饲料和饮水质量，避免过度拥挤，提高山羊的抵抗力，注重合理饲养和营养支持。

任务检测

请扫描二维码 3-3-1 进行答题。

二维码 3-3-1　项目三任务三检测

任务评价

完成表 3-3-6 工作任务完成过程评价。

表 3-3-6　工作任务完成过程评价

<table>
<tr><td colspan="2">班级：</td><td colspan="2">组别：</td><td colspan="3">姓名：</td></tr>
<tr><td>项目</td><td colspan="2">评分标准</td><td>分数</td><td>自我评价</td><td>小组评价</td><td>教师评价</td></tr>
<tr><td>材料准备</td><td colspan="2">服从安排，积极主动，认真负责</td><td>10 分</td><td></td><td></td><td></td></tr>
<tr><td>口蹄疫鉴别</td><td colspan="2">方法正确，内容明确</td><td>15 分</td><td></td><td></td><td></td></tr>
<tr><td>蓝舌病鉴别</td><td colspan="2">方法正确，内容明确</td><td>15 分</td><td></td><td></td><td></td></tr>
<tr><td>牛梨形虫病鉴别</td><td colspan="2">方法正确，内容明确</td><td>15 分</td><td></td><td></td><td></td></tr>
<tr><td>牛钩端螺旋体病鉴别</td><td colspan="2">方法正确，内容明确</td><td>15 分</td><td></td><td></td><td></td></tr>
<tr><td>牛恶性水肿鉴别</td><td colspan="2">方法正确，内容明确</td><td>15 分</td><td></td><td></td><td></td></tr>
<tr><td>牛气肿疽鉴别</td><td colspan="2">操作方法正确</td><td>15 分</td><td></td><td></td><td></td></tr>
<tr><td colspan="3">合计</td><td>100 分</td><td></td><td></td><td></td></tr>
<tr><td>自我评价与总结</td><td colspan="6"></td></tr>
<tr><td>教师点评</td><td colspan="6"></td></tr>
</table>

知识拓展

牛瘟俗称烂肠瘟、胆胀瘟，由副黏病毒科麻疹病毒属的牛瘟病毒引起，是牛的一种急性、热性传染病。其特征为高热稽留，黏膜（尤其是消化道黏膜）发炎、出血、糜烂和坏死。

（一）临诊检疫要点

（1）主要侵害牛。新疫区呈暴发性流行，发病率和死亡率都很高。老疫区呈地方性流行，主要危害无免疫力的幼牛。

（2）潜伏期 3~10 d，高热稽留。口腔黏膜潮红，流涎，有浅黄或微白色粟粒样斑点或小结节以及边缘不整的、覆有伪膜的溃疡，底面呈红色，有恶臭。眼结膜和鼻黏膜红肿出血，分泌物结成褐色痂块。直肠和阴道黏膜有类似口腔黏膜的变化。先便秘后腹泻，粪便中带血，尿液呈红棕色。

（3）全身所有黏膜（特别是消化道黏膜）都有充血、条状出血，坏死糜烂及形成伪膜。淋巴结出血肿大。胆囊肿大。

（二）实验室检疫

疫区可根据牛瘟的临场检疫要点做出确定检疫。必要时采取病牛血液，或死后取淋巴结和脾脏作为病料，进行动物接种试验、中和试验、兔体交叉免疫试验、补体结合试验、琼脂扩散试验、间接血凝试验、荧光抗体检查以及细胞培养，可确检。

（三）检疫后的处理

检疫中发现牛瘟时，应立即上报疫情；迅速查明和清除传染来源；严格执行隔离封锁措施，就地扑灭。

任务四　家禽疫病的检疫

任务导入

家禽产业作为我国畜牧业的重要支柱，对于农村经济发展、食品安全以及农民增收具有深远影响。然而，家禽疾病如同隐藏的威胁，时刻挑战养禽业的健康与稳定。因此，掌握家禽疾病的预防、控制以及检疫知识，对于确保家禽产业的持续发展、维护公共卫生安全具有重要意义。

在本次任务中，学生需要掌握家禽疫病检疫的基本流程、检疫内容的重点以及检疫后处理措施等关键知识。此外，要求学生以“鸡新城疫病的检疫方法、检疫内容及检疫后处理措施”为例进行总结归纳，并制作 PPT 对该病进行课堂科普，加深自身对该类疫病的认识。

任务准备

● 知识准备

一、鸡新城疫

鸡新城疫是由鸡新城疫病毒引起的一种鸡高度接触性传染病。主要侵害鸡、火鸡，其他禽类和野禽也可感染，亦可感染人。一年四季均可发病，多见于春秋两季。其特征是呼吸困难、下痢和神经症状，主要病理变化为黏膜和浆膜出血，腺胃黏膜和乳头出血以及盲肠扁桃体出血、溃疡等，具有诊断意义。

（一）临诊检疫要点

（1）根据病程和临诊表现，可分为多种类型。雏鸡及流行初期多呈最急性型，未见任何症状而突然死亡。急性者，精神沉郁，体温高达42℃以上，食欲减退，精神委顿；羽毛粗乱，垂头缩颈，翅翼及尾下垂，冠和肉髯呈紫色，产蛋减少或停止；口腔和鼻腔分泌物增多，嗉囊充满液体内容物，呼吸困难，喉部发出“咯咯”声（晚间较明显）；下痢，粪便呈绿色；偏头转颈，作转圈运动或共济失调。流行后期的成年鸡，多呈亚急性和慢性型，初期症状与急性相似，但同时出现神经症状，翅、腿麻痹，头颈向后或向一侧扭转，病死率较低。有些非典型（温和型）病例，仅表现呼吸道和神经症状，产蛋率下降，间有腹泻，发病率和病死率低。

（2）该病的特征性病变为败血性变化，尤其以呼吸道、消化道最为明显。腺胃乳头肿胀，有散在性出血点；肌胃角质下层有条纹状或点状出血、溃疡；腺胃与肌胃交接处有条状出血或溃疡；小肠可见大面积散在性出血点或典型的枣核状出血、坏死或溃疡；盲肠扁桃体肿大、出血、坏死；喉头、气管黏膜充血、出血，气管内有黏液；心冠脂肪、心外膜有针尖状出血点。

（二）实验室检疫

1. 病毒分离鉴定

取病死鸡脾、肺、脑，用磷酸缓冲液（PBS）制成1∶10悬液，静置或离心后取上清液，按每毫升加入青霉素和链霉素各 1 000 U，置4℃温箱保温2~4 h后离心。取上述上清液0.1 mL接种于9~11日龄的SPF鸡胚尿囊腔内，在37℃温箱中继续孵化，并每天检查鸡胚1次。取24 h后死亡鸡胚，收获尿囊液和羊水（透明无菌者），与1%鸡红细胞悬液进行血凝试验，同时用已知抗新城疫血清作血凝抑制试验，即可确诊。

2. 血清学诊断

采集急性期（10 d内）及康复期双份血清，进行血凝抑制试验，证明抗体滴度增高即可确诊。此外，琼脂扩散试验、中和试验、荧光抗体技术、酶联免疫吸附试验等均可用于本病检测。

（三）检疫后的处理

（1）确诊为新城疫的鸡群、可疑鸡只全部不放血扑杀销毁，垃圾、粪便等焚烧或深埋，笼舍、场地应彻底消毒。

（2）假定健康鸡全群隔离饲养，并进行紧急免疫接种，如在接种观察期内出现可疑鸡只，亦按销毁方法处理。观察 21 d 后，对临诊健康，免疫滴度达到 2^5 以上的鸡只，经体表消毒后按健康鸡对待。

（3）发生过新城疫的鸡场在半年之内，其鸡只不准出售、外运。

二、高致病性禽流感

高致病性禽流感是由 A 型流感病毒引起的一种禽类烈性传染病。鸡、火鸡、珠鸡、家鸭、孔雀等均可感染，但以鸡和火鸡最易感。近年有多例人感染发病，甚至死亡的报道。由此可以看出，高致病性禽流感对公共卫生的影响巨大。

（一）临诊检疫要点

（1）因家禽种类及感染病毒的亚型类别不同，症状可表现为最急性、急性，慢性和隐性感染等。临诊主要表现为体温急剧升高，精神沉郁，很快呈昏睡状；眼睑和头部水肿、变形，冠、髯发紫并有出血斑块，脚鳞片下出血；呼吸困难，下痢，有的出现颈部扭转等神经症状，病鸡多急性死亡。也有的出现咳嗽、喷嚏、啰音等呼吸道症状；母鸡产蛋下降甚至绝产、消瘦，死亡率高低不等。

（2）病理剖检除见全身广泛性出血变化外，心肌炎、心包炎严重；胰腺、肺、肝、脾、肾有小点出血和灰黄色小点坏死；呼吸道内有大量炎性分泌物或黄白色干酪样坏死，气管黏膜出血。慢性病例可见胸腺萎缩，法氏囊萎缩或呈黄色水肿，有充血、出血；产蛋鸡卵巢萎缩、卵畸形、破裂等。

（3）该病需要与下列疫病相区别。

鸡新城疫：新城疫的呼吸困难和神经症状比禽流感明显；腺胃乳头变化典型。禽流感表现为头面部肿大、水肿，大量水泻，皮下水肿胶样浸润，全身性出血比新城疫严重，但肠黏膜无典型的坏死、溃疡变化。

传染性喉气管炎、传染性支气管炎：与禽流感的呼吸道症状相似，但无腹膜炎和胰脏坏死等病变。

产蛋下降综合征：以产蛋下降，畸形蛋为主，一般无呼吸道症状，鸡群精神、食欲正常，输卵管、卵巢病变也没有禽流感的明显和严重。

（二）实验室检疫

1. 病毒的分离与鉴定

病料的采集与处理及鸡胚接种同鸡新城疫，死亡鸡胚收获尿囊液供病毒鉴定用。取 1∶10 稀释的尿囊液种毒，接种 4~6 周龄 8 只易感鸡，每只静脉注射 0.2 mL。若 6~8 只死亡，判定为高致病性禽流感；若 1~5 只死亡，血凝素为 H5、H7 者需进一步验证；若 1~5 只死亡，在无胰酶处理条件下可在细胞上生长，则需测定 HA 相关多肽的氨基酸序列才能确定。

2. 血清学诊断

目前用于禽流感检测的方法有血凝抑制（HI）试验、琼脂扩散试验、免疫荧光技术、RT-PCR 技术及核酸探针技术等，特别是禽流感病毒的 RT-PCR 和多重 RT-PCR 快速检测技术在禽流感病毒的检测和分型鉴定上，具有传统检测方法无法比拟的优势，可以在数小时内对禽流感病毒进行准确分型。

（三）检疫后的处理

一旦发生高致病性禽流感，应立即向有关部门报告，立即采取封锁和扑灭措施。扑杀疫点周围 3 km 范围内的全部禽类，对污染的环境和用具进行彻底消毒，对所有病死禽及其产品、排泄物以及被污染或可能被污染的垫料、饲料和其他物品进行无害化处理，消灭传染源，防止疫情进一步扩散。对受威胁区（疫区顺延 5 km 半径范围）的易感禽类按照规定进行强制免疫，建立免疫隔离带。

三、马立克病

马立克病是由鸡马立克病病毒引起的一种鸡淋巴细胞增生性传染病。其特征为外周神经、虹膜等发生淋巴细胞浸润、增生，各内脏器官、皮肤形成肿瘤结节。

（一）临诊检疫要点

主要侵害鸡，其他禽类较少感染。常为垂直传染。

1. 内脏型

多为急性经过，常见于 1~2 月龄幼鸡。表现减食，消瘦，腹泻，体重迅速减轻，死亡率较高。发病后表现多型性。

2. 神经型

以运动失调、肢体麻痹所致的“劈叉”姿势为多见。

3. 眼型

以虹膜褪色、单侧或双眼灰白色混浊所致的“白眼病”或瞎眼为多见。

4. 皮肤型

以颈、背、翅、腿和尾部形成大小不等的结节及瘤状物为多见。也有少数病例为混合型。

（二）实验室检疫

1. 病毒分离与鉴定

用肿瘤细胞、肾上皮细胞、脾或外周血液中的白细胞作病毒分离的材料。将被检材料按常规处理后，接种于 1 日龄易感雏鸡腹腔内、4 日龄鸡胚卵黄囊、绒毛尿囊膜或细胞培养物（鸭胚成纤维细胞或鸡肾细胞）上，也可用病鸡的肾细胞直接进行培养。如有病毒，感染的培养物常在 5~14 d 后，出现散在的细胞蚀斑；8~9 d

后，感染的鸡胚绒毛尿囊膜上会产生病毒痘斑；被接种的雏鸡，经 2~4 周后，在周围神经和一些内脏器官中可见淋巴样细胞的增生浸润灶。分离出的病毒株，可用荧光抗体试验、琼脂扩散试验等来鉴定。

2. 血清学试验

检查马立克病的血清学方法有琼脂扩散试验、间接荧光抗体试验、间接血凝试验以及酶联免疫吸附试验等。目前广泛应用的是琼脂扩散试验。

（三）检疫后的处理

检疫中发现鸡马立克病时，应及时分群隔离，彻底淘汰病鸡、阳性鸡和可疑鸡，做好清洁、消毒和饲养管理。

四、鸡传染性法氏囊病

鸡传染性法氏囊病是由鸡传染性法氏囊病病毒引起的一种鸡急性、高度接触性传染病。其特征为法氏囊炎、严重腹泻和极度虚脱。

（一）临诊检疫要点

感染后 2~3 d 出现临床症状，早期症状之一是鸡啄自己的泄殖腔。发病后，病鸡下痢，排浅白色或淡绿色稀粪，肛门周围的羽毛被粪污染或沾污泥土。随着病程的发展，食欲减退，并逐渐消瘦、畏寒，颈部躯干震颤，步态不稳，行走摇摆，精神委顿，头下垂，眼睑闭合，羽毛无光泽，蓬松脱水，眼窝凹陷，最后极度衰竭而死，5~7 d 死亡达到高峰。

（二）实验室检疫

1. 病毒分离与鉴定

取病雏的法氏囊、脾或肾作病料，用肉汤制成 1：5 至 1：10 的匀浆，取其上清液接种于 9~11 日龄的鸡胚（来自未感染过该病或未接种过该病疫苗的母鸡的蛋）的绒毛尿囊膜，经 3~5 d 死亡。死胚腹部水肿全身出血，肝脏肿胀呈微绿色、加有斑点状坏死灶，肾充血有斑状坏死，肺充血，心肌苍白呈“煮肉样”，脾肿胀常有散在小白点绒毛尿囊膜增厚并有出血斑。也可用上清液 0.5 mL，滴鼻接种于易感的 21~25 日龄幼雏，2~3 d 后出现病状，第 4 天扑杀检查法氏囊病变，并用已知的抗血清作血清学试验。

2. 血清学试验

鸡法氏囊病的血清学检疫方法有中和试验、琼脂扩散试验、免疫荧光试验、酶联免疫吸附试验、对流免疫电泳试验、单颗粒分析扫描电镜技术、反向间接血凝试验等。其中较为广泛使用的是琼脂扩散试验，简单易行。

琼脂扩散试验：无菌切开病鸡法氏囊，置于 2 mL 生理盐水中用力振荡，用洗出物与已知特异性抗血清进行琼脂扩散试验，24 h 可获得结果。也可用人工感染发病鸡法氏囊，加等量 PBS 液进行匀浆和反复冻融 3 次，制成琼脂扩散抗原，去检查病鸡血清中的抗体。病鸡抗体效价常在 1∶32 与 1∶64 之间。

（三）检疫后的处理

检疫中发现鸡法氏囊病时，不能调运。应立即严格隔离病鸡，清场，将垫料焚烧，粪便深埋或堆积发酵除害；鸡舍、环境及一切用具、器物、设备用 5%福尔马林或 0.5%氯胺溶液喷洒或火焰喷射彻底消毒。每羽病鸡肌内注射或内服抗法氏囊病高免血清或病愈鸡血清 0.1～0.2 mL，也可内服抗鸡法氏囊病高免卵黄（15～25 日龄，20 mL/羽；25～30 日龄，10 mL/羽；35～45 日龄，5 mL/羽）进行治疗，连用 3 d。对假定健康鸡用治疗量的 1/2 进行预防。对受危险鸡场或鸡群，使用疫苗紧急预防接种。凡发生过鸡法氏囊病的鸡群，不宜再做种用。

五、鸡传染性支气管炎

鸡传染性支气管炎是由传染性支气管炎病毒引起的一种急性、高度接触性呼吸道传染病。其特征为幼鸡以喘鸣、气管啰音、咳嗽和打喷嚏为主要特征；成鸡以产蛋下降、产软皮蛋和畸形蛋为主要特征；近年来，肾病变型鸡传染性支气管炎在我国各地严重流行，给养鸡业造成巨大的损失。

（一）临诊检疫要点

幼龄鸡、产蛋鸡以及肾病变型的症状有轻重之别。肾病变型传染性支气管炎多发生于 20～60 日龄的幼鸡，可引起肾炎、肠炎、下痢等症状，而呼吸系统的症状不一定出现，开始呼吸道症状轻微，这些症状消失后，受感染的鸡群突然发病，在 2～3 d 内逐渐加剧，病鸡精神沉郁，羽毛松乱，扎堆，怕冷，食欲减少或废绝，排灰色稀粪，沾满肛门周围羽毛上，后期有脱水表现，脚爪干枯，体重明显减轻，约于感染 10 d 后大批死亡。如继发慢性呼吸道疾病和大肠杆菌病，死亡率可高达 60%～70%。

雏鸡传染性支气管炎发病日龄大多在 5 周龄左右。其特点为全群几乎同时发病，发病时即表现明显的呼吸道系统症状，如流鼻液，流泪，咳嗽，打喷嚏，呼吸困难，气管啰音，呼吸时发出一种特殊的喘鸣声，夜间听得更清楚。有时可表现为伸颈和张口呼吸，以后逐渐出现精神沉郁、羽毛松乱、怕冷扎堆、食欲减退及体重减轻等全身表现，与肾病变型传染性支气管炎的主要区别是病程较短（5～10 d），死亡较低（10%以下）以及无明显腹泻症状。此外，雏鸡早期感染传染性支气管炎病毒，有的可造成输卵管的持久性损伤，从而严重影响成年后的产蛋率。

产蛋鸡的传染性支气管炎主要表现在呼吸道症状和全身症状，继而出现产蛋率下降和畸形蛋。呼吸道症状及全身症状与雏鸡相似，但较轻，如无继发感染，约经 5 d 症状可逐渐消失，死亡率较低。但产蛋量及品质下降，会造成较大经济损失。发病后第 2 天产蛋量开始下降，2 周左右降至最低点，然后逐渐回升。影响产蛋的程度与鸡在感染时所处的产蛋周期和感染的毒株有关。有的毒株可使产蛋率下降 50%，另一些则引起蛋壳颜色改变或产蛋率略有下降。青年产蛋鸡需 6～8 周恢复到接近正常的产蛋率，日龄较大的鸡恢复较慢，有些可考虑提前淘汰。畸形蛋在发病初期较少，发病1周后，呼吸道症状逐渐加重，软壳蛋、畸形蛋迅速增多，并持续较长时间。蛋壳由原来的棕色变为白色，薄而粗糙。这样的蛋打开后可见蛋清稀薄如水，蛋白与蛋黄分离，或出现蛋白粘壳等。蛋内质量下降是区别于减蛋综合征的重要依据。

（二）实验室检疫

根据活体检疫和宰后检疫情况可做出初步判定，确诊需进行病毒中和试验、血凝抑制试验和酶联免疫吸附试验等。

（三）检疫后处理

发现本病应淘汰病鸡，死鸡应深埋或焚烧。污染的场地、鸡舍、用具、粪便等严格消毒。对其他健康鸡进行紧急免疫接种。

六、禽霍乱

禽霍乱是一种侵害家禽和野禽的接触性传染病，又名禽巴氏杆菌病、禽出血性败血症。该病常呈败血性症状，发病率和死亡率很高，但也常出现慢性或良性经过。

（一）临诊检疫要点

自然感染的潜伏期一般为2~9 d，有时在引进病鸡后48 h内也会突然暴发病例。人工感染通常在24~48 h发病。由于家禽的抵抗力和病菌的致病力强弱不同，所表现的症状亦有差异。一般分为最急性、急性和慢性3种病型。

（1）最急性型。常见于流行初期，以产蛋高的鸡最常见。病鸡无前驱症状，晚间一切正常，吃得很饱，翌日发病死在鸡舍内。

（2）急性型。此型最为常见，病鸡主要表现为精神沉郁，羽毛松乱，缩颈闭眼，头缩在翅下，不愿走动，离群呆立。病鸡常有腹泻，排出黄色、灰白色或绿色的稀粪。体温升高到43~44℃，减食或不食，渴欲增加。呼吸困难，口、鼻分泌物增加。鸡冠和肉髯变青紫色，有的病鸡肉髯肿胀，有热痛感。产蛋鸡停止产蛋。最后发生衰竭，昏迷而死亡，病程短的约半天，长的1~3 d。

（3）慢性型。由急性型存活鸡转变而来，多见于流行后期。以慢性肺炎、慢性呼吸道炎和慢性胃肠炎较多见。病鸡鼻孔有黏性分泌物流出，鼻窦肿大，喉头积有分泌物而影响呼吸。经常腹泻。病鸡消瘦，精神委顿，冠苍白。有些病鸡一侧或两侧肉髯显著肿大，随后可能有脓性干酪样物质，或干结、坏死、脱落。有的病鸡有关节炎，常局限于脚或翼关节和腱鞘处，表现为关节肿大、疼痛、脚趾麻痹，因而发生跛行。病程可拖至1个月以上，但生长发育和产蛋长期不能恢复。

鸭发生急性霍乱的症状与鸡基本相似，常以病程短促的急性型为主。病鸭精神委顿，不愿下水游泳，即使下水，行动缓慢，常落于鸭群的后面或独蹲一隅，闭目瞌睡。羽毛松乱，两翅下垂，缩头弯颈，食欲减少或不食，渴欲增加，嗉囊内积食不化。口和鼻有黏液流出，呼吸困难，常张口呼吸，并常常摇头，企图排出积在喉头的黏液，故有“摇头瘟”之称，病鸭排出腥臭的白色或铜绿色稀粪，有的粪便混有血液。有的病鸭发生气囊炎。病程稍长者可见局部关节肿胀，病鸭发生跛行或完全不能行走，还有见到掌部肿胀如核桃大，切开见有脓性和干酪样坏死。

成年鹅的症状与鸭相似，仔鹅发病和死亡较成年鹅严重，常以急性为主，精神委顿，食欲废绝，腹泻，喉头有黏稠的分泌物。喙和蹼发紫，翻开眼结膜有出血斑点，病程 1~2 d 即归于死亡。

（二）实验室检疫

取病禽血涂片，肝、脾触片经亚甲蓝、瑞氏或吉姆萨染色，如见到大量两极浓染的短小杆菌，有助于诊断。进一步的诊断须经细菌的分离培养及生化试验。

请扫描二维码 3-4-1 了解常用的细菌染色方法。

二维码 3-4-1 细菌染色方法

（三）检疫后处理

确诊为禽霍乱病时，病禽隔离治疗，死禽深埋。栏圈消毒，消毒剂可选用 2% 热氢氧化钠溶液或 10%~20% 石灰混悬液。疫群中尚未发病的禽实行紧急预防接种。

七、鸡白痢

鸡白痢是由鸡白痢沙门菌引起的一种鸡消化道传染病。其特征为排白色稀薄粪便。

（一）临诊检疫要点

以 2~3 周龄以内雏鸡的发病率与病死率为最高。病雏主要表现怕冷，尖叫，减食或废食。排乳白色稀薄黏腻粪便，肛门周围污秽，闭眼呆立，呼吸困难。有的表现共济失调，运动失衡，肢体麻痹等神经症状。病程一般 4~7 d，病死率为 40%~70%。3 周龄以上的雏鸡病程较长，且极少死亡。

（二）实验室检疫

根据活体检疫和宰后检疫情况可做出初步判定，确诊需进行病原鉴定和凝集试验。

（三）检疫后的处理

发现该病，采取严格的防控、扑灭措施，扑杀病鸡，尸体深埋或焚烧销毁。场地、用具、鸡舍严格消毒，粪便等污染物进行无害化处理。

八、鸭瘟

鸭瘟是由鸭瘟病毒引起的一种鸭急性、败血性传染病。其特征为发热、两腿麻痹、下痢、流泪和部分病鸭头颈肿大。

（一）临诊检疫要点

病鸭主要表现体温升高，减食或废食，翅下垂，脚发软，共济失调，不能站立。眼流浆性、脓性分泌物，眼睑肿胀或头颈浮肿。绿色下痢，衰竭虚脱。病程 2~5 d，死亡率高。

（二）实验室检疫

新疫区的检疫，应采取病鸭的肝、脾作组织悬液，加双抗处理后，接种于 10~14 日龄鸭胚分离病毒，然后用中和试验来进行鉴定。

（三）检疫后的处理

检疫后发现鸭瘟时，普查整个鸭群，严格分群隔离，严禁出售和外调；对病鸭进行就地淘汰，高温处理后利用；对可疑鸭群、假定健康群及危险区内的全部鸭和鹅，立即用鸭瘟弱毒苗进行紧急预防接种。对被污染的场所、用具等用石灰水或火碱消毒。深埋扑杀病鸭的血水、粪便、羽毛等。

九、小鹅瘟

小鹅瘟是由小鹅瘟病毒引起的一种雏鹅急性、败血性传染病。其特征为精神委顿、食欲废绝和严重下痢。

（一）临诊检疫要点

仅感染鹅，1 周龄以内的雏鹅死亡率可达 100%。

（1）最急性。无前驱症状突然死亡，稍缓和的见精神萎靡不振，衰弱，倒地两脚划动不久即死亡。

（2）急性。常见 15 日龄内雏鹅，厌食，嗉囊松软，内有大量液体和气体。排灰白或淡黄绿色混有气泡的稀粪。呼吸用力，鼻流出浆性分泌物；临死前出现两腿麻痹或抽搐，衰竭死亡。

（3）亚急性。多见于 15 日龄以上雏鹅，以委顿、消瘦和腹泻为主要症状。

（二）实验室检疫

1. 病毒分离和鉴定

用无菌方法取病雏鹅的肝、脾、脑制成悬液，接种于 12~15 日龄无免疫力鹅胚和 10 日龄鸡胚绒毛尿囊膜腔内，每胚 0.2 mL，经 4~7 d 后鹅胚死亡，而鸡胚不死亡，且死亡鹅胚胚体鲜红（充血、出血）。

2. 血清学试验

用中和试验（测定鹅胚半数致死量）和用甲醛固定鹅的红细胞，进行反向间接血凝试验与血凝抑制试验都可确定本病。小鹅瘟病毒可凝集黄牛精子，可用抗小鹅瘟病毒血清作精子凝集抑制试验。

（三）检疫后的处理

检疫中若发现小鹅瘟时，与发病雏鹅相应的孵坊必须立即停止孵化，将设备、用具及房舍彻底消毒，然后再孵化；对正在孵化的种蛋连同孵化期，立即用福尔马林熏蒸消毒 15 min；对同孵坊刚孵出的雏鹅全部皮下注射抗小鹅瘟血清，每只 0.3~0.5 mL，并注意与新收进种蛋、成鹅隔离。对发病的雏鹅，病初用抗小鹅瘟血清皮下注射，每只 0.8 mL。彻底消毒被污染的环境。

十、鸡球虫病

鸡球虫病是鸡的一种流行性寄生虫病。由艾美耳科的球虫引起。其特征是血便、贫血和消瘦。

（一）临诊检疫要点

（1）主要发生于 28~40 日龄雏鸡，发病率和死亡率都很高。两周龄内的和 3 月龄以上鸡极少发生。多发生于 7—8 月多雨潮湿季节，呈地方性流行。饲养管理不良为诱因。

（2）雏鸡多为急性型，闭目呆立，羽毛蓬松，双翅下垂，吃食减少或拒食，喜多饮水，初排水样便，后排血便，黏膜、冠髯苍白，消瘦，双脚爪外翻，痉挛，多在 5~7 d 衰竭死亡，病死率可达 50%~80%。4 月龄以上鸡多为慢性型，逐渐消瘦、间歇下痢或血便，足翅轻瘫，产蛋率下降，较少死亡。

（3）盲肠肿大 3~5 倍，肠腔充满凝固的暗红色血液，肠黏膜弥漫性出血；或见小肠中断肠壁扩张增厚，有白色不透明斑点，其间有小点出血。

（二）实验室检疫

1. 综合判定

临场检疫与病原学检查相结合进行综合判定得以确诊，以免普遍存在的带虫现象造成误解。

2. 病原学检查

取粪便涂片镜检，能见到未成熟的球虫卵，呈圆形或椭圆形，有双层囊壁，内有深色原生质球。

（三）检疫后的处理

检疫中发现球虫病时，对病雏和同群雏鸡应及早进行药物治疗和药物预防，待症状消失后，方可发证外运，并注意消毒。

除上述禽类疫病外，其他疫病特征及检疫要点扫描二维码 3-4-2 进行学习。

二维码 3-4-2　家禽疫病检疫补充内容

- **工具准备**

待检病鸡、健康鸡、9~11 日龄鸡胚、灭菌生理盐水、新城疫抗原、3.8%枸橼酸钠、注射器、针头、吸管、离心管、小试管、试管架、手术剪、镊子、青霉素、链霉素、酒精棉球、碘酒棉球、酒精灯、石蜡、蛋托、照蛋器、96 孔“V”形反应板、50 μL 定量移液器、血细胞振荡器、稀释棒、离心机、天平、清洁玻璃板、铅笔、不锈金属丝环、乳头滴管、接种环、火柴、鸡白痢全血平板凝集抗原和血清凝集抗原、鸡白痢标准阳性血清和标准阴性血清、培养基、载玻片、革兰氏染色液、显微镜、恒温箱等。

- **材料准备**

防护服、口罩、帽子、手套、胶鞋。

- **人员准备**

人员分组，每组 5 人，明确职责分工（表 3-4-1）。

表 3-4-1　任务分配

任务角色	任务内容
组长：	任务：
组员 1：	任务：
组员 2：	任务：
组员 3：	任务：
组员 4：	任务：

任务实施

根据所学知识，请学生对新城疫鸡检疫方法、检疫内容及检疫后处理措施的过程进行模拟。

步骤一：选择合适的检疫方法

（1）根据所要检测的疫病特性，选择合适的检疫方法。

（2）新城疫病毒的分离与鉴定。用鸡胚作为传代载体，分离病毒并进行鉴定，为感染的病毒株定性。

步骤二：确定检疫内容

（1）对鸡群进行群体检疫。以查明疫病背景、查清免疫状况，并进行群体临诊检查。

（2）病理解剖检查。对临诊疑似病例进行解剖，观察病变情况。

（3）进行个体检疫。在无群体检疫条件的场合进行，检查是否来自疫区，是否有异常症状等。

步骤三：检疫后疫情处理及免疫预防

（1）疫情处理。扑杀全部病鸡，对尸体采取无害化处理；封锁养殖场，防止疫病扩散；对养殖场进行彻底消毒；及时清出病鸡的粪便及其污染的垫料、饲料，进行无害化处理。

（2）免疫预防。对未发病的鸡群采取单独隔离饲养，并紧急免疫接种新城疫疫苗。

任务检测

请扫描二维码 3－4－3 进行答题。

二维码 3-4-3　项目三任务四检测

任务评价

完成表 3-4-2 工作任务完成过程评价。

表 3-4-2　工作任务完成过程评价

班级：		组别：	姓名：		
项目	评分标准	分数	自我评价	小组评价	教师评价
材料准备	服从安排，积极主动，认真负责	10 分			
常见家禽疫病的鉴别检疫	方法正确，内容明确	20 分			
鸡新城疫检疫	方法正确，内容明确	25 分			
鸡白痢检疫	方法正确，内容明确	25 分			
结果判定	判定准确	20 分			
合计		100 分			

续表

班级：	组别：	姓名：
自我评价与总结		
教师点评		

知识拓展

请扫描二维码 3-4-4 了解更多鸡疫病实验室检疫技术。

二维码 3-4-4　鸡疫病实验室检疫技术

项目四 动物产品的检疫

项目导读

随着国际动物及动物产品贸易的增多，动物疫病的传播风险也随之增大。因此，对动物生皮、原毛、精液、胚胎及种蛋等动物源性产品进行严格的检疫，对于保障人类健康、维护畜牧业发展和促进国际贸易具有重要意义。本项目通过系统学习这些产品的检疫技术，旨在培养具备较高动物卫生安全素养和检疫技能的专业人才。

本项目将重点学习动物生皮、原毛、精液、胚胎及种蛋的检疫方法。其中，生皮和原毛的检疫是项目的核心内容之一。由于生皮和原毛在国际贸易中占据重要地位，且其安全性直接影响消费者的健康，因此对其进行严格的检疫至关重要。此外，种蛋的检疫也是本项目的重点之一，因为种蛋是畜牧业生产的重要基础，其质量直接关系到畜牧业的发展。

在学习过程中，学生将掌握动物生皮、原毛、精液、胚胎及种蛋的检疫方法，包括感官检查、实验室检查等。通过实际操作和案例分析，学生将能够深入理解检疫技术的原理和应用，提高检疫技能和实践能力。

知识目标

(1) 掌握动物生皮、原毛的检疫内容。

(2) 掌握精液、胚胎的检疫流程及内容。

(3) 掌握种蛋的检疫方法。

(4) 掌握动物疫病病原检查方法。

(5) 掌握常用的血清学检测方法和变态反应诊断。

技能目标

(1) 会进行生皮、原毛的感官检查。

(2) 会进行炭疽杆菌的快速检疫。

(3) 会进行国外引进的动物精液、胚胎的检疫。
(4) 会进行种蛋的检疫。
(5) 会检查动物疫病的病原。

素质目标

(1) 具有爱岗敬业、踏实肯干、不怕脏、不怕累、认真负责的工作态度。
(2) 具有生物安全和人兽共患病的防护意识。
(3) 具备良好的沟通能力和团队协作精神。
(4) 具有善于分析、总结问题和解决问题的能力。

思政目标

(1) 培育学生学农爱农、知农为农、强农兴农的情怀。
(2) 弘扬用心去做，用爱去做，用技术去做的工匠精神。
(3) 培养学生的安全意识，在接触动物时做好人兽共患病的安全防护。
(4) 增强学生法律意识、防疫意识、职业使命感。

任务一 生皮、原毛的检疫与处理

任务导入

随着全球贸易的日益繁荣，动物源性产品如生皮和原毛在国际市场上的流通量不断增加。然而，这些产品在贸易过程中也面临着携带和传播动物疫病的风险。因此，对生皮和原毛进行严格的检疫与处理，对于保障动物健康、维护公共卫生安全以及促进国际贸易的顺利进行具有重要意义。

在本次任务中，学生需要了解生皮和原毛检疫的基本原理和标准，掌握检疫所需的特定技术和方法。请学生对实验室内的皮毛进行感官检查和实验室检查，以准确评估其安全性和质量，并上交一份翔实的检查报告。

任务准备

- **知识准备**

动物生皮、原毛包括生毛皮、生板皮、鲜皮、盐渍皮、猪鬃、马鬃、马尾、羊毛、驼毛、鸭绒毛、羽毛等。这些作为工业动物产品的原料，往往混有病原，易造成危害。因此，必须加强检疫工作。

查询资料，掌握生皮、原毛的检疫与处理。

生皮、原毛的检疫与处理包括询问查证、感官检查、实验室检疫方法和检疫后处理等四个过程。

一、询问查证

询问该批产品的来源，当地有无疫情及流行情况，同时索取检疫证明和消毒证明，并查对证物是否相符。

二、感官检查

1. 生皮

健康生鲜皮的肉面呈淡黄色或黄白色，真皮层切面致密、弹性好，背皮厚度适中且均匀一致，无外伤、血管痕、虻眼、疥癣、虫蚀、破损等缺陷。在日光直接照射下干燥的皮张肉面变为黑色。肥度高的牲畜皮质结实滑润，被毛有光泽，肉面呈淡黄色；中等肥度呈黄白色；瘦弱的牲畜，皮质粗糙瘦薄，被毛干燥无光泽，肉面呈蓝白色。改良牲畜的皮张质量比土种牲畜更佳。盐腌或干燥保存的皮张，肉面上基本保持原有色泽。夏秋季在日光直接照射下干燥的皮张肉面变为黑色。

从死亡或因病宰杀的尸体上剥下来的死皮或病皮，其肉面呈暗红色，常因沉积呈现充血使皮张肉面呈蓝紫红色，皮下血管充血呈树枝状，皮板上有较多残留的肉屑和脂肪，有的还出现不同形式的病变。

皮张完整性有缺陷的感官特征主要有以下几个方面。

（1）动物生前形成的缺陷。如瘘管，寄生虫引起的虻眼、疥癣，机械作用造成的挫伤、角伤及其他伤痕等。

（2）屠宰剥皮、初加工时造成的缺陷。如孔洞、切伤、削痕及肉脂残留等。

（3）防腐保存不当造成的缺陷。如腐烂、烫伤（由于夏季温度过高，使铺晒的鲜皮真皮层纤维组织发生变性或变质，造成皮张脆硬，缺乏弹性）、油色斑、霉烂、虫蚀等。

2. 猪鬃

质量良好的猪鬃，颜色纯净而有光泽，毛根粗壮，岔尖不深，无杂毛、霉毛，油毛少，不潮湿，无残留皮肉，无泥沙、灰渣、草棍等杂质。

3. 兽毛和羽毛

质量良好的兽毛和羽毛，应符合质量标准，无杂毛、油毛、毛梗和灰沙，无残留脚壳、内脏杂物，无潮湿、发霉和发生特殊气味，无腐烂、生蛆和生虫等现象。

三、实验室检疫方法

生皮、原毛的实验室检疫，现主要进行炭疽杆菌的快速检疫法。

1. 样品的处理

先将皮毛剪碎，称取 3 g 左右放入灭菌三角瓶中，加入适量的 0.5%洗涤液以充分浸泡为宜（用 5%漂白粉溶液洗涤也可），人工或机械振荡 10～15 min 后，静止 10 min，取悬液 10 mL 加入离心管中，2 000 r/ min 离心 10 min，弃上液，再加入 3～5 mL 灭菌蒸馏水，于 65℃水浴 30 min。

2. 分离培养

取水浴后混悬液 0.05 mL 接种于血平板中，用“L”形玻璃棒涂匀（“L”形玻璃棒必须用酒精火焰灭菌)，37℃培养 18~24 h。

3. 鉴定

(1) 菌落特征。典型菌落：菌落呈扁平，不透明，表面干燥，粗糙，有微细结构，边缘不整齐，似狮子头状（卷发状），常带有逗号状小尾突起的粗糙型(R) 较大菌落，菌落直径为 2~3 mm，呈灰白色，在血平板上不溶血。

拉丝现象：用接种针挑起年幼菌落时，有黏性呈“拉丝状”，而其他需氧芽孢杆菌少见。

(2) 细菌形态。炭疽杆菌为革兰氏阳性菌，呈链状或散在的大杆菌，在液体培养基中形成 10~20 个菌体相连的长链，呈竹节状，散在的菌体两端呈直截状，似砖头，若在培养基中时间较长，有时也能形成芽孢。

(3) 噬菌体裂解试验。挑取可疑菌落的 1/3，点种在普通琼脂平板上，用灭菌的“L”形玻璃棒涂匀，用铂金耳挑取一满环炭疽 W 噬菌体点种在中间，37℃培养 3~5 h，观察结果，出现清亮噬菌体斑为裂解阳性。

(4) 串珠试验。挑取可疑菌落的 1/3，按上述方法将细菌均匀涂布，用灭菌的眼科镊子夹取一片青霉素干纸片轻压在涂布区域中心，37℃培养 1.5~3 h，观察菌体变圆呈念珠状为阳性。

(5) 荚膜肿胀试验。用上述菌落的 1/3 接种于活性炭 $NaHCO_3$ 琼脂平板上，放在二氧化碳培养袋或二氧化碳培养箱（二氧化碳浓度为 20%~40%）中，37℃培养 5 h，取少许培养物涂片做荚膜染色，镜下观察菌体，菌体周围有边界清晰的荚膜者为阳性。

4. 结果判定

具有典型菌落和菌体形态特征，且噬菌体裂解试验、串珠试验均为阳性的芽孢杆菌为炭疽杆菌，在此基础上，荚膜肿胀试验为阳性的细菌，为强毒炭疽杆菌。

四、检疫后处理

(1) 确诊为蓝舌病、口蹄疫等一类疫病或当地新发生疫病，或某些如炭疽、鼻疽、马传染性贫血等二类疫病的动物生皮和原毛，一律严格按《动物病害肉尸及其产品无害化处理规程》和《动物产品消毒规范》处理。接触过带病原生皮、原毛的场地、用具、车辆及人员也必须进行彻底消毒。

(2) 原料中有生蛆、生虫、发霉等现象，及时剔出，进行通风、晾晒和消毒。

环氧乙烷气体熏蒸消毒法是目前国内外普遍采用的一种皮毛消毒方法，其杀菌范围广、穿透力强、简便、无副作用，但有易燃、易爆的危险。本法仅限于生干皮消毒，不适于盐腌鲜皮和盐腌干皮消毒。

- **工具准备**

剪刀、接种针、“L”形玻璃棒、水浴锅、离心机、二氧化碳培养袋、培养箱等。

- **材料准备**

防护服、口罩、帽子、手套等。

- **人员准备**

人员分组，每组 5 人，明确职责分工（表 4-1-1）。

表 4-1-1 任务分配

任务角色	任务内容
组长：	任务：
组员 1：	任务：
组员 2：	任务：
组员 3：	任务：
组员 4：	任务：

任务实施

请根据实验室现有皮毛或原皮材料进行检疫及疫后流程的模拟。

步骤一：询问查证

步骤二：感官检查

（1）生皮。检查生皮色泽、弹性、背皮厚度、背皮是否均匀一致、有无缺陷、有无病变等。

（2）猪鬃。检查猪鬃颜色、光泽度、毛根、岔尖，有无杂毛和霉毛、油毛，是否潮湿，有无残留皮肉、杂质等。

（3）兽毛和羽毛。应符合质量标准，检查有无杂毛、油毛、毛梗和灰沙，有无残留脚壳、内脏杂物，是否潮湿、发霉和发生特殊气味。有无腐烂、生蛆和生虫等现象。

步骤三：实验室检疫方法

主要进行炭疽杆菌的快速检疫法。包括样品处理、分离培养、鉴定、结果判定等步骤。

步骤四：检疫后处理

任务检测

请扫描二维码 4-1-1 进行答题。

二维码 4-1-1 项目四任务一检测

任务评价

完成表 4-1-2 工作任务完成过程评价。

表 4-1-2　工作任务完成过程评价

班级：	组别：		姓名：		
项目	评价方法	分数	自我评价	小组评价	教师评价
训练态度	服从安排，积极主动，认真负责	10 分			
询问查证	方法正确，内容明确	15 分			
感官检查	方法正确，内容明确	15 分			
样品处理	方法正确，内容明确	10 分			
分离培养	方法正确，内容明确	10 分			
鉴定	方法正确，内容明确	10 分			
结果判定	判定准确	15 分			
检疫后处理	操作方法正确	15 分			
合计		100 分			
自我评价与总结					
教师点评					

知识拓展

环氧乙烷熏蒸消毒法　该消毒方法适用于疑被炭疽杆菌、口蹄疫、沙门菌、布鲁氏菌污染的干皮张、毛、羽和绒。

（1）将皮捆或毛包，羽、绒包有序地堆放入消毒容器（塑料薄膜帐篷或大型金属消毒罐）中，码成垛形，但高度不超过 2 m，各行之间保持适当距离，以利于气体穿透和人员操作。

（2）将装于布袋内的枯草芽孢杆菌 4001 株（简称“4001”，每片含菌 1 000 万个）染菌片或化学指示袋（溴酚蓝指示剂）放入消毒容器不同位置的皮毛捆深部，同时安放入输药管道，并检查袋壁有无破损或裂缝，然后封口。

（3）测量待消毒物体积，计算环氧乙烷用量。

（4）按 0.4~0.7kg/m^{3}通入环氧乙烷气体，消毒 48 h。此时应保持消毒室温度在 25~40℃，相对湿度在 30%~50%。

（5）消毒结束后，打开封口，将帐篷口撑起通风 1 h。

（6）取出“4001”染菌片，放入营养肉汤，37℃下培养 24 h，观察有无细菌生长或观察化学指示袋是否由无色变为紫色。若无细菌生长或指示袋变为紫色，证明消毒效果良好。

任务二 精液、胚胎检疫与处理

任务导入

在动物遗传资源保护、品种改良以及现代畜牧业的发展中，精液和胚胎的流通和利用扮演着至关重要的角色。然而，这些材料的流通同样伴随着潜在的生物安全风险。因此，对精液和胚胎进行严格的检疫与处理，不仅是确保动物遗传资源健康传递的必要条件，也是维护公共卫生安全、促进国际畜牧业贸易健康发展的重要保障。

本次任务将深入探索精液和胚胎的检疫与处理流程。学生需要根据所学知识，对精液、胚胎进行检疫和处理，并对合格精液进行保存。

任务准备

- **知识准备**

根据《中华人民共和国动物防疫法》的规定，国内异地引进种用动物及其精液、胚胎的，应当先到当地动物卫生监督机构办理检疫审批手续并检疫合格。这里仅指对从国外引进的牛、羊、猪或其他动物的精液、胚胎的检疫。目的在于引进优良品种和提高繁殖性能。对入境精液、胚胎依照《中华人民共和国动植物检疫法》《动植物检疫法实施条例》及其他相关规定进行检疫。对每批进口的精液、胚胎应按照我国与输出国所签订的双边精液、胚胎检疫议定书的要求执行。

查询资料，掌握动物及其精液、胚胎检疫分类方法。

一、境外产地检疫

为了确保引进的动物精液或胚胎符合卫生条件，国家出入境检验检疫局依照我国与输出国签署的输入动物精液或胚胎的检疫和卫生条件议定书，派官方兽医到输出国的养殖场、人工授精实验室配合输出国兽医机构执行检疫任务。其工作内容及程序如下。

会同输出国官方兽医商定检疫工作计划，了解整个输出国动物疫情，特别是本次拟出口动物精液或胚胎所在地区的疫情；确认输出动物精液或胚胎的人工授精中心符合议定书要求，特别是在议定书要求该授精中心在指定的时间和范围内无议定书中所规定的疫病或临诊症状，查阅有关的疫病监测记录档案，询问地方官方兽医有关动物疫情、疫病诊治情况；对中心内所有动物进行临诊检查，保证供精动物是临诊健康的；到官方认可的实验室参与对供精动物疫病的检疫工作。

1. 精液

精液样品应采自符合双边动物检疫协定或中国有关兽医卫生要求的合格供体公畜。供体公畜（动物）应全身清洁，身体及蹄不带任何粪便或食物残渣；供体公畜

（动物）包皮周围的毛不宜过长（一般剪至 2 cm 为宜），采精前用生理盐水将包皮、包皮周围及阴囊冲洗干净。

采精场所及试情畜（台畜）应清洁卫生，每次采精前应仔细清洗；采精操作人员应戴灭菌手套，以防供体公畜（动物）阴茎意外滑出时，操作人员的手与阴茎直接接触；每次采精前，对人工阴道、精液收集管等器具应彻底清洗消毒，人工阴道使用的润滑剂及涂抹润滑剂的器具亦应消毒灭菌。

精液稀释液应新鲜无菌，一般不超过 72 h，贮存在 5℃ 的条件下。用牛奶、蛋黄配制精液稀释液时，稀释液的这些成分必须无病原体或经过消毒（牛奶在 92℃ 经 3~5 min 处理，鸡蛋须来自 SPF 鸡群）。稀释液中可加入青霉素、链霉素和多黏菌素。精液采集时应有助手配合，当公畜（动物）爬跨试情畜（动物）或台畜时，采精操作人员用左手拉住公畜包皮，同时用右手将已消毒灭菌的人工阴道套到阴茎上。当公畜射精结束后，取下精液收集管，送实验室稀释分装成 50 μL/支（粒）或 25 μL/支（粒）。分装好的精液须放在液氮中保存和运送。

采样标准：一般按一头公畜（动物）一个采精批号，作为一个计算单位，100 支（粒）以下采样 4%~5%，101~500 支（粒）采样 3%~4%，501~1 000 支（粒）采样 2%~3%，1 000 支（粒）以上采样 1%~2%。

2. 胚胎

胚胎样品应采自符合双边动物检疫协定或中国有关兽医卫生要求的全合格供胚胎畜。保证胚胎没有病原微生物，主要以检疫供胚动物、受胚动物、胚胎采集或冲洗液及胚胎透明带是否完整为决策依据，原则上不以胚胎作为检测样品，供胚动物及受胚动物的检疫将按照我国与输出国所签订的双边胚胎检疫议定书的要求执行。

胚胎透明带检查：在显微条件下，把胚胎放大 50 倍以上，检查透明带表面，并证实透明带完整无损，无黏附杂物。

胚胎按国际胚胎移植协会（IETS）规定方法冲洗，且在冲洗前后透明带完整无损伤。

采集液、冲洗液样品：将采集液置于消毒容器中，静置 1 h 后弃去上清液，将底部含有碎片的液体（约 100 mL）倒入消毒瓶内。如果用滤器过滤采集胚胎，将滤器上被阻碎片洗下倒入 100 mL 的滤液里；洗液为收集胚胎的最后 4 次冲洗液。上述样品应置 4℃ 保存，并在 24 h 内进行检疫，否则应置−70℃ 冷冻待检。

放在无菌安瓿瓶或细菌管内的胚胎，应贮存在消毒的液氮容器内，凡从同一供体动物采集的胚胎应放在同一安瓿瓶内。

二、报检

货主或其代理人应在货物入境前 30 d 到当地动物卫生监督机构报检。报检时提供报检员证、入境动物精液或胚胎审批单、贸易合同、协议、发票、检疫证书（可在货物入境时补齐），并预交检疫费。

三、入境现场检疫

在货物到达入境口岸时，现场官方兽医审核检疫证书、核对货证。

四、受体动物的隔离检疫

对引进动物精液或胚胎的养殖场在进行人工授精或胚胎移植之前，应将受体动物放置在检验检疫机构指定的或认可的临时隔离场内，对受体动物进行隔离检疫。隔离检疫期应严格按照《入境动物临时隔离检疫场管理办法》进行操作。

采血、采样时应首先将动物保定好，在保定时要注意动物和人员的安全，采血前对采血部位剪毛、消毒。对动物进行逐头采血、采样用于实验室检疫。采血的同时可进行结核病、副结核病等皮内变态反应试验。官方兽医必须定期对动物进行临诊检查和观察。

五、实验室检疫与处理

对入境的精液和受体动物进行实验室检疫，检疫项目依照中国与输出国动物检疫部门签订的检疫协议、议定书或国家检验检疫局的审批意见执行。检疫结果为阳性的动物不得作为人工授精的受体或胚胎移植的对象。

- **工具准备**

人工阴道、精液收集管、剪刀、采血器、显微镜等。

- **材料准备**

防护服、口罩、帽子、手套、润滑剂、消毒液、青霉素、链霉素和多黏菌素等。

- **人员准备**

人员分组，每组 5 人，明确职责分工（表 4-2-1）。

表 4-2-1 任务分配

任务角色	任务内容
组长：	任务：
组员 1：	任务：
组员 2：	任务：
组员 3：	任务：
组员 4：	任务：

任务实施

请学生根据实验室现有材料，模拟精液、胚胎境外产地检疫及处理的流程。

步骤一：境外产地检疫

模拟境外产地检疫。模拟官方兽医到输出国养殖场、人工授精实验室配合输出国兽医机构执行检疫任务。

步骤二：报检

需在货物入境前 30 d 到当地动物卫生监督机构报检。报检时提供报检员证、入境动物精液或胚胎审批单等材料，并预交检疫费。

步骤三：入境现场检疫

在货物到达入境口岸时，现场官方兽医审核检疫证书、核对货证。

步骤四：受体动物的隔离检疫

对引进动物精液或胚胎的养殖场在进行人工授精或胚胎移植之前，应将受体动物放置在检验检疫机构指定的或认可的临时隔离场内，对受体动物进行隔离检疫。隔离检疫期应严格按照《入境动物临时隔离检疫场管理办法》进行操作。

步骤五：实验室检疫与处理

对入境的精液和受体动物进行实验室检疫，检疫项目依照中国与输出国动物检疫部门签订的检疫协议、议定书或国家检验检疫局的审批意见执行。检疫结果为阳性的动物不得作为人工授精的受体或胚胎移植的对象。

任务检测

请扫描二维码 4-2-1 进行答题。

二维码 4-2-1　项目四任务二检测

任务评价

完成表 4-2-2 工作任务完成过程评价。

表 4-2-2　工作任务完成过程评价

班级：		组别：		姓名：	
项目	评价方法	分数	自我评价	小组评价	教师评价
训练态度	服从安排，积极主动，认真负责	10 分			
模拟境外产地检疫	方法正确，内容明确	30 分			
报检	方法正确，内容明确	15 分			
入境现场检疫	方法正确，内容明确	15 分			
受体动物的隔离检疫	方法正确，内容明确	15 分			
实验室检疫与处理	方法正确，内容明确	15 分			
合计		100 分			
自我评价与总结					
教师点评					

知识拓展

一、牛冷冻精液中可能携带的病原体种类

（一）精液中的病原体种类

牛冷冻精液中可能携带病原体，造成以下疫病的传染：结核病、副结核病、布鲁氏菌病、牛生殖器弯曲杆菌病（本病是最重要的由精液传播的传染病，公牛常为带菌者）、毛滴虫病、钩端螺旋体病、牛传染性鼻气管炎、牛白血病、蓝舌病、口蹄疫、牛流行热、牛病毒性腹泻/黏膜病、牛瘟、牛痘、牛传染性胸膜肺炎等。

（二）精液中微生物的来源

精液中要求不含病原微生物，非病原性微生物每毫升也不应超过 500 或 1 000 个细菌数。精液中的微生物主要来自受感染的公畜、采精、精液处理、给母畜输精及液氮的污染等几个途径，其中主要来自受感染的公畜。所以，我国对进口牛冷冻精液的检疫，除对输出国采精站提供的精液的质量、活精子的密度、稀释剂和精液的包装等有要求外，还对供精公牛要进行严格的检疫。一般要求在采精前 30 d 和末次采精后 30 d 内，供精公牛要与其他动物分开饲养，并不得用于自然交配。在此期间，对供精公牛逐个做临床检查和结核病、副结核病、布鲁氏菌病、牛白血病、蓝舌病、牛传染性鼻气管炎、牛生殖器弯曲杆菌病、毛滴虫病等疫病的实验室检疫，结果为阴性。

二、精液的微生物学检验

（一）精液微生物学检验的意义

被微生物和寄生虫污染的精液，不仅可以引起疫病的传播，而且使精子活率降低，稀释的精液变质；使母牛受到感染，降低受孕率，增加胚胎的死亡率和造成流产。做好精液微生物学检验，能有效地防止疫病的传播，有利于培育健康畜群，促进畜牧业的发展；有利于改进采精技术和精液保存方法，确保精液品质。

（二）精液中细菌的检验

一般取解冻后的精液样品 0.2 mL，置血清琼脂培养基上，于 37℃ 恒温培养 48 h，计算每毫升精液中的细菌数。其最高细菌数不应超过 1 000 个（牛冷冻精液国家标准）。

（三）精液中病毒的检验

病毒只能在活的细胞上生长。不同动物精液病毒的检查或不同病毒的检查，需用不同的细胞株或易感动物进行培养。如牛传染性鼻气管炎病毒的检查，可用犊牛

肾或睾丸原代和传代细胞；猪伪狂犬病病毒的检查，可用猪肾细胞（PK）；牛蓝舌病病毒的检查选用鸡胚。

把稀释过的精液，接种于活细胞，于37℃经过一定时间的培养，每天观察细胞生长情况。当细胞出现早期病变时，采用血清学试验的方法鉴定病毒种类，如荧光抗体技术、血清中和试验、补体结合试验、细胞凝集抑制试验等。

任务三　种蛋检疫与处理

任务导入

在禽类养殖和育种工作中，种蛋作为传递优良遗传特性的载体，其质量直接关系到后代的生长发育和养殖效益。然而，种蛋在生产和流通过程中可能携带各种病原体，对孵化率和雏禽的健康构成威胁。因此，对种蛋进行严格的检疫与处理，是确保禽类养殖产业健康发展的重要环节。

在本次任务中，学生需要了解种蛋检疫的基本知识，掌握种蛋检疫所需的检疫技术和方法。请学生根据所学知识对种鸡蛋进行感官检查和灯光透视检查，并制作一份种蛋检疫合格证明。

任务准备

- **知识准备**

查询资料，掌握种禽场及种蛋检疫要求。

一、种禽场的防疫要求

（1）种禽场近年未发生鸡新城疫、禽流感、鸡传染性支气管炎、马立克病、鸡白痢等疫病。周围必须是非疫区。

（2）种蛋来源于健康的种公禽、种母禽。

（3）用于包装种蛋的箱、纸板、填充物，必须消毒后才能使用。

（4）禁止同机孵化不同来源的种蛋，对孵化出的死胚应送检。

（5）引进种蛋的单位，要具备隔离防疫条件的检疫场所。

二、种蛋的检疫

1. 感官检查

优质种蛋呈标准椭圆形；蛋壳表面有一层霜状粉末，具有各种禽蛋固有光泽；蛋壳表面清洁，无禽粪、无垫料等污物；蛋壳完好无损、无裂纹、无凹凸不平的现象；蛋的大小适中，符合品种标准，一般重量为55~70 g。

2. 灯光透视检查

新鲜种蛋气室小，整个蛋呈微红色，蛋黄呈现暗影浮映于蛋内，如转动种蛋，蛋黄也随之转动，蛋黄上胚盘看不见，蛋黄表面无血丝、血管，无异常形态特征。

次质蛋、劣质蛋的形态特征：热伤蛋的气室较大，胚胎或未受精的胚珠暗影扩大，但无血环、血丝，蛋白变稀，蛋黄增大、色暗。无精蛋的蛋白稀薄，蛋黄膨大扁平，色淡；死精蛋胚胎周围有微红的血环。孵化7~10 d的死精蛋，转动蛋时，黑点不动，血管模糊，呈暗红色，孵化15~17 d的死雏蛋，气室明显倾斜，蛋内有死雏。

3. 实验室检疫

如果种蛋来自种禽场健康群，且经过检疫，一般只进行感官检查和灯光透视检查。必要时，实验室应进行沙门菌和志贺菌的检疫。

4. 检疫后处理

（1）种蛋经感官检查、灯光透视检查均合格，应签发检疫合格证明（如必须做沙门菌和志贺菌检疫，应为阴性）。

（2）凡沙门菌和志贺菌检疫阳性者，不能作种用蛋，可直接供高温蛋制品行业用。

（3）有缺陷的蛋不能作种用蛋（如外形过大、过小、过圆的蛋，存放时间超过2周的蛋，灯光透视检查的无黄蛋、双黄蛋、三黄蛋、热伤蛋、孵化蛋、裂纹蛋、陈旧蛋等）。

- **工具准备**

电子天平、照蛋器等。

- **材料准备**

防护服、口罩、帽子、手套等。

- **人员准备**

人员分组，每组5人，明确职责分工（表4-3-1）。

表4-3-1 任务分配

任务角色	任务内容
组长：	任务：
组员1：	任务：
组员2：	任务：
组员3：	任务：
组员4：	任务：

任务实施

请学生根据实际情况，模拟种蛋检疫的现场检疫、实验室检测及检疫后处理的流程。

步骤一：现场检疫

（1）感官检查。对种蛋进行外观检查，观察蛋壳是否完整、清洁，有无裂纹、沙眼等缺陷。

（2）灯光透视检查。使用灯光透视设备对种蛋进行内部检查，观察蛋内是否有气泡、血斑、肉斑等异常现象。

（3）记录检查结果。将检查结果详细记录在《检疫记录表》上，包括种蛋的数量、来源、检查结果等信息。

步骤二：实验室检测

（1）采集样本。根据检疫要求，从合格的种蛋中随机抽取一定数量的样本进行实验室检测。

（2）送样检测。将采集的样本送至指定的实验室进行相关项目的检测。

（3）等待检测报告。等待实验室出具检测报告，并根据检测结果判断种蛋是否合格。

步骤三：检疫后处理

（1）签发检疫证书。对检疫合格的种蛋，动物卫生监督机构应签发检疫证书，证明种蛋符合检疫要求。

（2）淘汰不合格种蛋。对检疫不合格的种蛋进行淘汰处理，防止其流入市场。

（3）消毒处理。对合格的种蛋进行必要的消毒处理，如熏蒸消毒法、紫外线照射消毒法等，确保种蛋在储存和运输过程中的安全性。

（4）包装与标识。使用适当的包装材料和方法对种蛋进行包装，并在外包装上加贴统一规定的消毒封签标志，便于识别和溯源。

任务检测

请扫描二维码 4-3-1 进行答题。

二维码 4-3-1　项目四任务三检测

任务评价

完成表 4-3-2 工作任务完成过程评价。

表 4-3-2　工作任务完成过程评价

班级：		组别：	姓名：		
项目	评价方法	分数	自我评价	小组评价	教师评价
训练态度	服从安排，积极主动，认真负责	10 分			
感官检查	方法正确，内容明确	20 分			
灯光透视检查	方法正确，内容明确	30 分			

续表

班级：		组别：	姓名：		
项目	评价方法	分数	自我评价	小组评价	教师评价
实验室检疫	方法正确，内容明确	20 分			
检疫后处理	方法正确，内容明确	20 分			
合计		100 分			
自我评价与总结					
教师点评					

知识拓展

种蛋的常用消毒方法介绍如下。

（1）福尔马林（36%～40%甲醛溶液）熏蒸法。将蛋放在蛋盘上置孵化器内，关闭进出气孔，按每立方米空间应用高锰酸钾 15 g 和福尔马林 30 mL，先将按计算量称好的高锰酸钾放在瓷盘中，把瓷盘放在孵化器的下面，加入所需要量的福尔马林后迅速关闭孵化器门，30 min 后打开门和进、出气孔，开动鼓风机，尽快将烟吹散。

（2）紫外线照射法。将蛋放在杀菌紫外线灯管下约 50 cm 处，照射 1 min，然后在蛋的下方照射 1 min。

（3）高锰酸钾消毒法。将蛋放入 0.2%～0.5%高锰酸钾溶液中，使溶液温度保持 40℃，浸泡 1 min，取出沥干后装盘。

（4）新洁尔灭消毒法。使用时，将新洁尔灭配成 0.1%浓度的溶液，喷雾在种蛋蛋壳表面。配制时，忌与肥皂、碱、高锰酸钾等接触。

（5）抗生素消毒法。将孵化 6～8 h 的种蛋取出，放置数分钟后，浸入 0.05%土霉素或链霉素溶液中 15 min，取出放孵化室 1～2 min，趁蛋壳表面不太湿时，放回孵化器内继续孵化。

（6）漂白粉消毒法。将蛋浸入含有效氯 1.5%漂白粉溶液中 3 min，取出沥干后装盘。在整个消毒过程中，注意通风换气。

参考文献

毕玉霞，方磊涵，2023. 动物防疫与检疫技术［M］. 3 版 . 北京：化学工业出版社.

胡新岗，蒋春茂，2019. 动物防疫与检疫技术［M］. 3 版 . 北京：中国林业出版社.

李庄 . 2017. 动物检疫技术［M］. 合肥：合肥工业大学出版社.

农业部兽医局，中国动物疫病预防控制中心，农业部屠宰技术中心，2015. 全国畜禽屠宰检疫检验培训教材［M］. 北京：中国农业出版社.

青海畜牧兽医职业技术学院动物检疫技术课程建设团队，2014. 动物检疫技术［M］. 北京：中国农业出版社.

孙璐，王娟，黄秀梅，等 . 肉鸡屠宰生产链中的沙门氏菌耐药基因检测及耐药相关性分析［J］. 中国动物检疫，2017（1）：35-39，42.

汤锦如，彭大新，2019. 动物检疫技术指南［M］. 北京：中国农业出版社.

唐文山，侯继勇，2021. 动物检疫技术［M］. 2 版 . 北京：中国农业出版社.

张宏伟，欧阳清芳，2014. 动物疫病［M］. 3 版 . 北京：中国农业出版社.